上班，辭職，還是撐下去？

劉揚銘——著

一位職場倖存者的48個反向思考

受夠商管雜誌教的成功方法，48個出人意表、打破框架的思考，獻給曾在工作中迷惘的你。

前言

一個職場倖存者的反省與觀察

首先，感謝你翻開這本書。

無論你是怎麼與這本書相遇的，相信你一定對自己的工作有過困惑與迷惘、有所思考，才會拿起這本書翻閱。而我也和你一樣，因爲在工作中掙扎過、折磨過，才開始一連串的思考與寫作。

這是一本**想探討工作的意義、工作與生活、工作與生涯、工作的方式，以及工作者如何面對工作這件事**的書，如果以上的內容統稱爲**「工作哲學」**太冒犯的話，或許可以說這本書是討論不同的**「工作觀點」**。

和一般的「職場書」不同，這本書的重點不是教你怎麼在激烈的競爭中勝出，得到更好的薪水和更高的職位，而是想和你一起討論我們工作是爲了什麼（在開始競爭之前，先想清楚爲什麼要競爭），實現夢想重要還是賺錢重要（兩者是衝突的嗎）之類的議題。

這本書也和所謂的「工作術」不同，不著重在工作效率、人際溝通或職場祕技，卻有點唱反調的去質疑某些職場常識，例如：我們總認爲工作效率愈高愈好，但在台灣的職場文化下，效率愈高反而會讓你愈沒時間做事？大家都說機會是給準備好的人，但實際上很可能「你有勇氣又有空去做」反而比「準備好了」更重要。

此外，這本書也不是成功者寫給尚未成功者看的「成功學」，而只是一個在職場中迷失過、受傷過、放棄過、悔恨過、好不容易倖存下來的工作者，重新思考與探索工作和職涯這件事時，找尋出的問題與答案。書裡的內容不可能正確無誤，也不可能適用於所有人，但試著從另類角度觀察職場，去探索那些主流成功學以外的生存之道。

以「職場倖存者」自稱，是因爲我曾經放棄工作（或說被工作放棄）一段時間，後來才重拾它的樂趣。我過去在商管類雜誌的編輯部工作，一做就是七年，從記者、文稿編輯成爲主編。日復一日的工作最後讓我身體不堪負荷，心理也留下陰影，不得不選擇離職，用一段放鬆與放縱的日子讓身心回復健康狀態。

在那一年的空白裡，我開始思考，爲何自己會被工作折磨到這個地步，到底是工作的錯還是我自己的錯（或者兩者都有）？我爲何甘願爲了工作放棄生活品質，還覺得這樣的自己很偉大？如果時間重來一次，我能否讓自己在工作時更快樂，不致於被它放棄？

在職時，超時工作的傷害，與完成好作品的成就感糾結在一起；離職後，開啟了我對工作意義、工作方式的一番追尋與提問。後來因緣際會成爲「udn鳴人堂」與「Yahoo新聞專欄」的作者，過去的經歷成爲我寫作的養分，在兩年多之後匯集成這本書。

進入職場十年，身爲一個和工作對話的工作者，我寫身在組織內的反省與觀察，也寫身處組織外的探索與收穫。這段過程中發現，台灣職場對於「成功」的定義已經和以前不同了。

過去我們總認爲「金錢、職稱」才是成就的象徵，但在年輕一代的心目中，已經不再渴望成爲郭台銘那樣的大老闆（這當然和台灣青年低薪、高失業的現狀有關）；上一輩總認爲求職最重要是「穩定、輕鬆」，到大企業領固定的薪水很令父母放心，但在年輕人心裡，只有輕鬆穩定的工作也不夠吸引人。**愈來愈多人渴望做自己擅長且喜歡的事情，可以發揮能力，並且過想過的生活，相對於金錢與職位，熱情與意義可能更有魅力。**

但台灣的職場文化似乎沒跟上這個趨勢，在談成功學、競爭力、一心想贏過別人的同時，卻連自己想要什麼都不知道。把找工作當成薪水與職位的競爭，而不是面對內心的自我實現，等到事過境遷年華老去，才反問自己爲什麼工作不快樂？

鼓勵你「趕快成爲人生勝利組」、「學會用大老闆的角度思考」的文章有許多，因此我不再重複，書裡更想討論的是，一個普通工作者要如何在工作中實現自我，找到人生的意義。當然，我的能力、經歷與文章力無法徹底解決這些問題，但希望引起更多人一起思考。

這本書分三個單元：「找尋工作的意義」、「改寫成功與失敗」、「用創意思考職場」。希望我們都能勇敢質疑主流價值裡對「職場成功」的舊定義，勇敢去做自己喜歡的事；不要因爲那件事「成功」而去做，要因爲你眞心喜歡而做。盡量想辦法「做有熱情的事並且賺到錢」，而不要本末倒置的認爲「先賺錢再去做想做的事」。我們在工作中都難免掙扎與困惑，做自己眞心喜歡的事，才能活得長久；對所做的事有愛，才是難以取代的差異化價值與武器。

希望有一天，我們談到工作，是爲了讓每個有夢想的人都能實現，並賺到合理的報酬。而不是逢年過節時親戚口中的炫耀與比較、同學會時勝利組與魯蛇的分別、媒體裡贏者圈成員對不知上進者的警告。

這是一本工作者寫給工作者看的書，我並不會（也沒辦法）站在比讀者還高的位置，教導什麼成功經驗，反而比較像是一個和你一樣迷惘與困惑的人，整理出某些想法和你討論。也許能讓你多一些「啊，有人是用這種角度看工作的呀！」「這件事原來還有這種想法！」「如果這樣做，會不會讓工作快樂一點？」的收穫，但也許你會覺得書中的論點很荒謬，不過，如果能爲工作這件事帶來不同的價值觀衝擊，應該是好事吧！

書裡提到的每件事，都是一個正在職場奮鬥的工作者反省、觀察、整理出來的。我也以職涯與生命作賭注，努力實踐自己說的話，試著在工作中存活下來，或許你可以信任這點。但不可避免的，內容一定會有個人經驗的偏見、背景條件的限制，不是能照表操課的通則。

面對未來，我們都要脫離一成不變的成功法則，尋找眞實的自己，思考每個人專屬的工作與生存之道。當愈來愈多人成爲工作哲學家，職場一定會變得更有意義，也更有樂趣吧！

Contents

一

前言：一個職場倖存者的觀察與反省

Part 1

尋找工作的意義

Part 2

改寫成功與失敗

Part 3

用創意思考職場

PART 1

尋找
工作的意義

Searching for the meaning of work.

01

為何年輕人找不到好工作？

目前還在求學的孩子，畢業後所從事的工作有60%還沒有被發明。如果未來年輕人的工作，大部分都是過去沒有、現在也還沒出現的，那聽前輩的建議還有沒有用？如果未來的職場不會再像三十年前，那我們繼續用過去的打拚模式來努力，還有沒有效果？

台灣社會近來面臨「實質薪資倒退十多年」「大學生起薪22K」等困境。許多論述把矛頭指向這一代年輕人「不夠努力、沒有競爭力」，偶爾還夾雜「年輕人已被中國、韓國（或其他某國人）比下去」的批評。

社會賢達們說「政府沒欠你一個工作！」「請你們自己努力，別讓前人熱血白流」，建議年輕人求職「別計較多少K」，甚至還有威脅式的「再吵下去，連15K都沒有」。這類意見大致可歸納成「我們以前多苦多難、你們現在多混多懶」，並且苦口婆心的希望年輕人停止抱怨、重拾往日前人的打拚精神。

這些論點告訴我們，首先在求學階段就要多努力（不要蹺課、不要一直上網），畢業後求職別太計較薪資，應徵到一個工作之後，就在工作崗位上用認眞努力（別太計較生活品質，因爲我們以前比你們更慘）來爭取提高薪資的機會……

未來60%的工作還沒出現，等你發明

我們相信前輩們的立意良善，是以親身經驗來建議年輕人「如何找到好工作」。但問題是，**如果未來年輕人的工作，大部分都是過去沒有、現在也還沒出現的（當然，前輩們也沒經歷過），那聽他們的建議還有沒有用**？如

果未來的職場不會再像三十年前，那我們繼續用過去的打拚模式來努力，還有沒有效果？

根據英國創意文化與教育中心（Creativity Culture & Education）針對2500多所學校的研究估計，目前**還在求學的孩子，畢業後所從事的工作有60％還沒有被發明**。而《世界是平的》作者湯馬斯·佛里曼（Thomas Friedman）也在《紐約時報》專欄寫道：「上一代中產階級賴以維持的東西——中等技能拿高薪——已經變得愈來愈不可能，……現在只有高等技能可以拿到高等薪水。所有中產階級工作都以前所未有的速度被提升、淘汰或降級了。」也就是說「現在好好念書考大學，以後自然會有好工作等你」的世界即將不存在，即使你學到了上一代能領高薪的中等技能，以後也領不到高薪。**未來不會有好工作給你應徵（因為最好的工作根本還沒出現），除非你自己創造一個好工作**。

年輕人爲什麼找不到好工作？可能是我們對於「找工作」的想像太簡單了。上一代人還在建議我們「應徵的技巧」（溫良恭儉讓），如何「在一個工作裡努力打拚」（用30年前的方式），要求你要把自己塞進一個「現有工作」的框架中，努力去符合它的需求。所以我們會聽到某些血汗企業家理直氣壯地說：「我創造就業機會給你，你應該感謝我、少抱怨！」但對未來的年輕人來說，「創造自己的工作」的能力，要比「應徵一個現有工作」更爲重要。

上一代的老人對新一代的年輕人總像在雞同鴨講，可能有部分原因在於，年輕人已經慢慢察覺過去的經驗不再管用。與其把自己「硬塞進一個現有工作的框架中發揮工作熱情」，我們更需要「把自己的熱情做成一份工作」，才能開創更多機會，而這也是未來更需要的能力。如果把大部分力氣用在迎合過去，那誰來開創60％還沒被發明的工作？

找老闆不如找客戶；找工作不如創造工作

過去，學校是唯一學得到知識的地方（所以難得借到一本原文書當然會很珍惜），但現在只要上網就可以學到知識（當然你要有區分眞假資訊的能力），**你能用自己知道的東西「去做點什麼」，遠比你「知道什麼」更重要**。若想創造自己的工作，比起乖乖聽話，你更需要好奇、固執、願意冒險的心。就像賈伯斯（Steve Jobs）說的「stay foolish, stay hungry.」也沒什麼謙虛的意思，反而更像魯莽、自大、飢渴、呆呆向前衝，並且相信未來會有好結果。

在主流商業雜誌裡被吹捧的Google, Youtube, facebook……哪個不是「上網」搞出來的？從「我想找到知識」、「我想跟同伴分享影片」、「我想認識正妹」的欲望，也可以創造出過去完全沒有的就業機會。那些「我們過去很用功，反觀年輕人只愛上網」論述的問題是，一面說學生上網都在搞一些不相關、不入流的資訊，然後一面問爲什麼台灣沒有像臉書創辦人那樣的創業家。（更何況你要怎麼判斷哪些資訊才夠入流？哪些知識才和未來就業足夠相關？）

佛里曼說：「我這一代人挺好混的，可以去『找』一份工作，但是將來我們的孩子，要更需要『發明』一份工作。」

商業思想家查爾斯・韓第（Charles Handy）說：「我小孩畢業時，我會建議他們去找客戶，而不是找老闆。」

而台灣的社會賢達卻還在告訴孩子：「因爲你們不像我們以前那麼拚，所以沒有工作、薪水低。」

02

什麼才是正經的工作？

李安成為首位兩度贏得柏林影展金熊獎的導演時，父親還是希望他未來可以走「正常一點的路」去教書。導演楊德昌也曾在得獎以後，聽到媽媽對他說：「你拍了幾部片，現在可以找些正經事做啦！」我們的社會並不期待年輕人發展興趣，用自己的熱情去賺錢。

台灣人對於公務員可說是又愛又恨，每年國考放榜的新聞一出來，都會有人憂心年輕人考公務員是失去方向、只想安逸，把青春浪費在考試太不值得，還有人說再這樣下去國家會完蛋，極力呼籲年輕人別再只想考公務員。

然而，無論你再怎麼討厭公務員，也無法否認底下這個事實：擁有公務員身分，在台灣現今的未婚聯誼市場中極為有利，在父母向親友炫耀兒女的市場，以及參加同學會時可以安心報上名號的市場中，當我們說出「公務員」三個字，嘴角總是向上揚的。

但這就產生了一個問題：邏輯上我們不能一面覺得女婿是公務員很值得欣慰，並在兒女辭掉工作時建議他們「要不要準備一下國考」；一面卻對其他年輕人說「大家都考公務員，台灣會完蛋」。

穩定正經的工作，只不過風險最小

追根究柢，公務員的魅力不是來自它的名稱，而是來自於它是被公認為「正常、正經、穩定、有保障」的工作。只要你屬於人人都聽過的大公司（穩定有保障）、上班是有辦公室可以去而不是每天在外面不知道幹嘛（這樣才正經），大抵上都有可以享受社會眼光裡「公務員般」的待遇。不過，如果你從事的不是「正經穩定」的工作，所受到的社會壓力也不是三言兩語可以說完的。

台灣第一搖滾天團——五月天的貝斯手瑪莎，在新聞採訪中說自己「還被姑姑問：『你什麼時候才要找個正經工作？』」（附帶一提，當年瑪莎的收入推估是新台幣四千萬）。29歲的攝影師張哲榕，以結合虛擬動漫世界和眞實生活場景的巧思，贏得美國、法國等地的攝影獎，卻在新聞報導中說：「家人還是希望我找穩定的工作。」

一九九五年，**李安以《喜宴》、《理性與感性》成為首位兩度贏得柏林影展金熊獎的導演時，父親還是希望他未來可以走正常一點的路**，說：「小安，等你拍到50歲，應該可以得奧斯卡，到時候就退休去教書吧。」已故的大導演楊德昌也曾在得獎以後，聽到媽媽對他說：「你拍了幾部片，現在可以找些正經事做啦！」（以上兩件軼事出自《十年一覺電影夢》，P.138）這些舉例雖然是個案，但台灣社會中有類似想法的人肯定不少。

何不發展自己的興趣，用熱情去賺錢？

不過，到底什麼才是「正經的工作」呢？既然唱歌、演戲、拍戲、攝影都不算，運動員、作家理所當然也應該排除在外，農人、水電工或自己開小吃店大概也不行。想來想去，所謂「正經事」很可能是風險最小的意思。老師、律師、會計師、公務員，有資格保證、不會失業的最好。薪水比別人高一點、可以穩定做個二十五年不會被裁員（同時支付25年房貸）、退休之後有一筆退休金養老，就是最穩定的工作。

我們的社會並不期待年輕人發展興趣，用自己的熱情去賺錢，即使已經證明這條路有可行性，甚至獲得國際獎項的肯定（好比成爲亞洲天團、在52歲得到奧斯卡最佳導演之類的），父母對他們的評價卻還是「你什麼時候才要去找個穩定的工作？」

我們對工作的想像挺貧乏的。心裡總有個聲音說：「你千萬別以爲自己是李安、楊德昌或瑪莎哦！那些人不是你可以學的。不如安安份份，想做的事情等退休之後再做就好。」不過這個順利人生的幻夢，卻被「勞退基金破產」的新聞給狠狠敲碎。今天的年輕人大概要工作到75歲才准領退休金，而且金額可能已被通貨膨脹稀釋掉大半。**當你的職涯被迫延長到五十年，退休之後不知道還有沒有命跟錢，還有什麼熱情可以等到以後再做？**

台灣報考國考的人數終於減少了，也許這幾年來，年輕人已經發現所謂正經穩定的工作，其實也沒那麼穩定、也並不是很正經。

03

勇敢去做你喜愛的事，別只是找份工作

面對求職網站的各種職缺，似乎沒有一項能讓自己嵌合進去，對未來陷入更廣大的迷茫。這種煩惱可能是因為我們的想像力與勇氣不夠。沒想過自己做的事有什麼意義、為什麼要做、也不熱愛這份職業，只覺得工作是賺錢的手段，如此一來，工作當然不會讓人滿意。

青年失業高漲已經是全球化現象。大約二〇〇〇年開始，台灣「整體失業率」和「青年失業率」的差距就逐漸拉大。二〇一三年台灣整體失業率大約4％，但20－24歲的青年卻高達14％。根據主計處的勞動統計，台灣唯一穩定成長的失業原因是「對原有工作不滿」，二十年來成長了3倍，如今在48萬失業人口中，有超過16萬人是因爲對工作不滿，占最大比例。

的確，當想找工作的年輕人瀏覽求職網站的各種職缺：業務、行政、技術員、行銷企畫……各種職缺不斷發散在分歧的網頁上，卻似乎沒有一項能讓自己嵌合進去，愈看愈陷入更廣大的迷茫。

困在「想找好工作」的舊框架中，對未來迷茫

台灣孩子從小到大都被提醒「現在好好讀書，以後才找得到好工作。」很多人認爲增加未來的可能性，最重要的是提升教育程度與專業能力，這當然不能說錯，畢竟專業是一切的基礎，**但從另一個角度看，有時我們對未來的煩惱也許不是根源於能力不足，而是想像力不夠，被困在「好好念書、找好工作」的思維框架裡，反而更看不清未來。**

一直以來，學校教育不太協助我們思辨以解決挑戰，而是培養我們去忍受困難：閉上嘴、少惹事、別問爲什麼、如果失敗就回去再努力，這就是最

好的解決方案。學生念書不是因爲對世界有求知慾，只是被迫參加社會架構好的障礙賽——你不必知道爲何要闖關，只要努力闖過就會有人說你好厲害。

四十年來，台灣社會對於「就業」的想像圖沒有變過：這是一件需要每天從事8小時、每個月固定領一筆薪水、有老闆管你、需要知識（所以受教育很重要，比如廣告裡爸爸要把買車的錢省下來，給兒子繳學費）的事情，如果沒意外，你可以持續做個二十到二十五年，等它結束之時會有一筆退休金，讓你永遠不必再工作。

你可以預期這份薪水足夠安身立命，因此也有了「生涯規畫」、「職涯發展」的概念，告訴你幾歲應該當主管，幾歲當上總經理很厲害，幾歲以前最好存到100萬……

這樣的訓練愈純熟，我們對社會的想像就愈薄弱，所謂的「好工作」被化約成「公司大、薪水高、福利好、社會觀感佳」這些規格條件。在主流的職業想像裡，穿西裝坐辦公室才是正經的選項，至於水電工、演員、農人、運動員、歌手、營建工人、裝潢包商、樂團、電影工作者、攝影師、早餐店老闆……從來不包含在「我的志願」裡面。

然而，社會上有各式各樣五花八門的職業，這些廣大的想像才是構成社會的主要成分，應該改變世界的年輕人，我們卻要他畢業後必須找個「好工作」，否則就是人生失敗組，你覺得奇不奇怪？

找出自己的熱情所在，才是出口

我們過去一直被教導要面對的世界，其實是父母輩所經歷的世界，那個世界即使現在還存在，也撐不到年輕人職涯的結尾，也就是說，讓你站上工作起點的能力，並不能帶你到達職涯的終點。20年來，財星五百大企業已經消失一半；英國創意文化與教育中心預測，現在受義務教育的孩子，畢業後所從事的工作有60％還沒被發明。你怎麼能認爲，拿到一份現在的好工作，未來就肯定是人生勝利組？

進入社會前的迷惘，人人都有，但成功的人生並不是「先知道可以做什麼，再開始行動」，常常只能在反覆試誤中，才更能琢磨出值得走的方向。與其一輩子困在「人生勝利組」的舊價值觀裡，爲什麼不多一點好奇、創新與實驗心，先不擔心成敗，順著心中的熱情去嘗試，勇敢去做自己喜愛的事情，把它做成一份專屬自己的工作呢？

把工作做到極致、做到令人感動，只有在你眞的熱愛工作時才可能。**從事熱愛的工作，才會有想達成的目標、有想堅持的底限、有那些「做不到我會很丟臉」的原則，需要赤裸地面對「自己正在幹嘛」、「想透過工作成為怎樣的人」等問題，思考出自己的工作哲學**。

如果我們總是在問「做哪一行最快年薪百萬？」「進哪個產業才追得上潮流？」覺得賺最多的就是好工作，在只想趕快進入贏者圈、當勝利組、用薪水與職稱衡量職業的社會，認眞看待工作這件事，根本是沒效率、不必要的堅持。當工作只不過是賺錢致富的手段，找尋職人精神絕對是搞錯了什麼，交差了事也不是什麼難以想像的罪惡，當然，也別怪別人不尊重你的專業。

你熱愛自己的工作嗎？想從每天的工作中獲得什麼？成爲什麼？請多思考這些問題，努力成爲發揮熱情、展現專業的工作哲學家，當我們熱愛自己選擇的工作，願意尊重自己的專業，才是贏得別人專業尊重的開始。

04

想趕快退休，還是到老都興致勃勃

面臨高齡少子化現象，退休基金可能破產，退休年齡延後的現在，「要工作到幾歲？」變成一個需要思考的問題。如果法律規定75歲退休，你會有長達五十年的職涯，退休之後不知道還有沒有命跟錢，對工作的看法肯定會跟上一輩很不一樣。

「你要工作到幾歲？」這個問題曾經不是問題，多年前，大部分人的答案是從學校畢業進入職場，一路工作到65歲，之後過著領退休金的悠閒生活。我們的爸媽那一輩大概都是這樣想。

但在二〇一〇年代，工作到幾歲變成一個需要思考的問題。已開發國家普遍面臨高齡少子化現象，退休基金繳的人少領的人多，可能破產，因此法定退休年齡勢必延後。如果你必須工作到75歲，職涯長達50年以上，退休之後不知道還有沒有命跟錢，對工作的看法大概會跟上一輩人很不一樣。

人對未來的期望會影響今天的選擇。舉例來說，在平均壽命40歲的世界，一個30歲的人可以無畏地說出「引刀成一快，不負少年頭」，因爲他已活過大部分的人生；但在平均壽命80歲的世界，這位30歲的「少年」也許會抱著遺憾與不捨，無法那樣瀟灑地向世界告別。

「想工作到幾歲？」成爲需要思考的問題

台灣從農業轉向工業社會的時刻，人們主要把工作當成賺錢手段，走出農村靠的是「現在好好讀書，以後找個値得託付一生的好公司上班」。那年代很少談個人的自我實現，較多鼓勵人們取得社會地位，所以在大公司上班比留在鄉下種田有出息，不用靠天吃飯就可以安穩過日，所以找個鐵飯碗甚至金飯碗，是第一考量。

下個世代開始有了自我實現的追求，工作考量變成「進竹科打拚十年，趕快賺夠退休的錢，去鄉下開民宿圓夢」，當然，**竹科和民宿只是代稱，意思是找個最有錢途的工作，花愈短時間賺足了錢，就可以無憂無慮地去圓人生夢想。自我實現和工作仍然是兩回事**，我們都想趕快擺脫工作，趁還有體力的時候去圓夢。

但在未來，當我們的職涯比企業壽命還長（所謂「鐵什麼，飯碗都不飯碗了」），下一波可以賺大錢的產業還不知道遠在何方，有沒有可能結合工作與自我實現，在工作中實現個人夢想呢？

如果說上一波竹科新貴是「力拚40歲退休去圓夢」的典型，另一個極端可能是「永不退休工作到老，但一直很快樂」。**股神巴菲特今年86歲，他說自己「每天跳著舞步去上班」，並不是因為他賺了很多錢，而是因為投資是他終生熱愛的工作，上班樂在其中，因此何必退休**，巴不得可以一直做、一直做、一直做。

「工作幾年→退休學習→再工作幾年」的模式

記得國中學過《論語》嗎？子曰：「知之者不如好之者，好之者不如樂之者。」知道的人不如喜歡的人，喜歡的人又不如以這件事爲樂的人。如果股神只想賺到幾億之後過退休生活，他大概不會是股神了，在西方哲學裡，讓身心保持有活動力，能夠全力去做你做得最好的事，才是一種幸福。

仔細想想，「退休」說不定只是現代化過程的一個特殊現象，而非常態。我們沒聽過農人有退休的，愈老還愈有經驗；陶工也是燒陶到老，愈老愈有藝術性；作家得終生累積寫作功力；演員會變成戲精；醫生幫人看病，都沒有什麼「到幾歲就應該退休」的概念。

當然你可以說，做一輩子不累嗎？但也可以換個角度想，如果能找到一輩子都想做的事，到老都還興致勃勃，那才是一種幸福吧！

未來的新工作不會保障我們享有上一輩的退休待遇，現在的年輕人50歲時，可能還得繼續工作20年以上，這麼長的職涯如果只做一件事情，就顯得太無趣了。**未來我們也許會工作幾年後就先「退休」幾年，去學習一段時間之後，再投入下一階段的工作生涯**。全職上班的形態應該會逐漸減少，各種零碎、組合式的工作慢慢增加，這讓我們保持健康，也有時間發展工作之外的興趣和專長。

把熱情打造成能維生的工作

工作當然要賺錢，但工作也不只有賺錢而已，我們終其一生都在尋找自己的身分，找一個把能力發揮到極致的機會，做自己樂在其中的事會上癮，找到工作熱情的人最快樂。在法定退休年齡不斷延後，退休金也不可靠的將來，下個世代的人也許沒有「退休想清福」這件事，但換個角度來看，倒也在鼓勵（或逼迫）我們勇敢找尋自己所愛。

我們的職涯絕對很長，所以曲折一點也很正常，熱愛的事不容易找到，但多嘗試也無妨。結合工作與自我實現，不只在不同工作中找熱情，也許還可以試試看，把自己的熱情打造成能維生的工作，誰說工作只能別人給，難道不能自己創造嗎？

05

太陽花的就業啟示：自己的工作自己創

傳統職場就像一個「就業旅行團」，你知道途中會經過哪裡，也清楚會搭車、搭船或搭飛機，有一套規畫好的升遷地圖，只要好好聽導遊的話。而太陽花世代的青年更喜歡「自助旅行」式的職涯：看到一個更好玩的地方，現在就可以直接去，不用等到當導遊！

二〇一四年發生了兩件新聞，台灣20—24歲青年失業率創下僅次金融海嘯時期的次高紀錄，以及震撼全國的太陽花學運。

根據主計處統計，二〇一四年青年失業率來到13.75%，相較於日本、韓國約8—9%的數字更高。而《商業周刊》也報導台灣青年的待業時間愈來愈長，近六成待業七個月以上才能找到工作（註）。然而同樣是二〇一四年，年輕人才以太陽花學運震撼全台灣，展現出無比的創意、組織力、溝通力、整合力與執行速度。

回想占領立法院的時間，沃草（Watchout）團隊建立了國會無雙現場轉播，零時政府（GΦV）則建立了直播環境和入口網站，傳播速度比新聞台SNG車還快。運動期間有人分析議題、有人整理資訊、有人產出內容、有人負責傳播，群眾募資一天打造出4am.tw網站在紐約時報刊登廣告。而在網路以外，實體現場的規畫動線、回收垃圾、分配飲食物資、排班守衛、醫療團隊、舞台架設與音響等工作，都令人印象深刻。

試想，如果你的公司要舉辦類似規模的產品發表會，得花多少預算、開多少會、建立多少表格、聯繫多少單位、用多少人力才做得出類似的效果？

隱藏在太陽花運動裡的關鍵字：創意、組織、溝通、整合、執行……幾乎是學生們對「職場競爭力」的火力展示，然而青年失業率卻還創下新高，到底是爲什麼？

可能是因爲，職場的腳步已經跟不上青年的改變。所以即使青年一進職場就好像跳進無重力空間，失去著力點，無法發揮創意與才能。

傳統職涯像旅行團，有既定的升遷地圖

傳統職場就像參加一個「就業旅行團」。你知道途中會經過哪裡，也清楚會搭車、搭船或搭飛機，有一套規畫好的升遷地圖，只要好好聽導遊的話，旅途可能非常愉快。不過如果途中突然覺得哪裡好玩，你得說服全團的人一起改變，或向導遊要求分開行動一陣，最終還是得回到團裡。一旦得罪了導遊，誰都不好過。

而太陽花世代的青年更喜歡「自助旅行」式的職涯：他們懶得跟導遊打好關係、也不太管團裡守舊派的意見，看到一個更好玩的地方，現在就可以直接去，不用等到當導遊！畢竟連自己的國家可以自己救，自己的工作為什麼不能自己創造，非要別人給？

看看書店裡的職場書：35歲前要學會的33件事，老闆不說但你應該知道的事，成功者的筆記本、你為什麼能升職、知名企業新人培訓7堂課……像不像是教你怎麼在旅遊行程中，跟導遊和團員處得更好、玩得更愉快的旅遊

指南？

當你理想的旅程和旅行團行程不一樣，有人會跟你說，請先當上導遊或團長，再去改變也不遲。不過，如果你在旅行團裡玩得很好、握有可以改變的權力之後，幹嘛還要改變行程讓自己吃虧呢？

習慣就業旅行團的人，絕對搞不出太陽花運動。因爲導遊大多喜歡乖乖牌團員、有禮貌守秩序、團進團出；對於突發、臨時、規畫外、模糊地帶的事物感到不安（當然啦，厲害的導遊很擅長處理這種狀況）。但自助旅行者可不管那麼多，他們會說「衝進去之前，也沒想到之後會變成這樣。」

自助旅行式職涯，自己的工作自己創

然而就像大部分創業家說的，「創業之前，沒想到之後會變成這樣，」剛開始或許只是好玩、有個衝動，做了一件事之後，才在途中遇到某些人、某些事，因緣湊出一個機會，最終成爲一項事業。

未來的職涯會更像自助旅行。事前規畫可能有用，也可能完全派不上用場，沒有導遊保障安全，甚至不確定能否抵達目的地，不過也許旅途最好玩的地點，是你迷路走錯去到的地方也不一定。回想美國矽谷，不就是有一群人對旅行團的升官圖嗤之以鼻，妄想走出自己的行程，才成爲全世界的創新基地嗎？

不用擔心太陽花世代的競爭力，反而「正經、禮貌、守規矩的就業潛規則」才是他們能力無法解放的原因。解決青年失業，或許不是靠什麼教育與產業接軌，把人推進旅行團，而是鼓勵他們成爲maker，自己的工作自己創，想辦法從失敗中生存下來。反正千等萬等，也輪不到一個買得起房的工作給你。沒什麼可以失去的人，有的是勇氣可以浪費。

註：出自《商業周刊》1379期，二〇一四年4月16日號

06

找工作不用有興趣？你會挑個討厭鬼當女友嗎？

對找工作這件事，我們有一種奇怪的壓抑情結，常常逼自己努力遺忘最熱愛的東西，把身體塞進沒那麼喜歡的職位裡。這種「工作沒興趣也無妨」的壓抑，讓我們一面要求自己在工作時展現熱情，又一面要求自己不可以到處尋找熱情所在。

對找工作這件事，我們有一種奇怪的壓抑情結，常常逼自己努力遺忘最熱愛的東西，用力把身體塞進沒那麼喜歡的職位裡。

我們喜歡用「工作就只是工作」、「不符合興趣也沒關係」、「反正不可能找到完美的職務」來說服自己。人資專家常常給年輕人建議，不要太理想化、不要堅持太多原則、甚至不用管是否能學以致用，先求有再求好，重點在於你要勤勞誠懇、老實安份地努力，就可以慢慢把工作變好。

工作在我們的心裡一定有某種崇高的地位。因爲**談到戀愛，我們不會勸朋友「先求有再求好」找個還可以的人就先交往，反正長相個性什麼的可以慢慢改變；講到旅遊，我們也不會隨便挑個「不用特別喜歡也無妨」的地點去玩**，認爲重點在於自己要努力讓那個地點變得好好玩噢！但是談到工作，我們馬上可以理直氣壯地認爲「不憂鬱哪算是工作」，收起狂妄的理想和熱情，展現出刻苦耐勞的表情；如果你堅持想把興趣當事業，很多人都會勸你好好再考慮。

又不讓你找尋熱情，又要你展現熱情

這種「工作沒興趣也無妨」的壓抑，也帶來另一種困擾，就是我們常常一面要求自己在工作時展現熱情，又一面要求自己不可以到處尋找熱情所在。

大家對於成功企業家的描述，幾乎都是有熱忱、比別人更努力，願意長期堅持，努力終究會帶來回報。因此都建議上班族不要太常換工作、要努力、有定性、誠實、願意做別人不想做的事情。

但如果你眞的去翻閱成功者們的傳記，常常會發現他們年輕時也換過好多工作，沒定性、不老實了好多年，才終於找到現在這份事業——他們可能當過一年的保險員、坐過三個月的銀行櫃台、擺過兩個星期的地攤、也許還用近乎作弊的小手段爭取到一個熱門職位……只是在當上成功者之後，這些過往歲月都變成「最好不要參考」的部分，你「該學習」的是他們找到熱情之後的那些。

「做喜歡的事情才做得最好」的道理大家心知肚明，但是人資專家總是告訴你：想找理想的工作是危險的，因為你要的這世界未必能給，請盡早收起浪漫的想像、無謂的堅持，以免成爲抱怨王與憤怒青年，浪費了人生求職最初的黃金十年。

的確也是啦，如果你是公司裡負責招募的經理，會想錄取一個願意既定軌道去走、可以在不太滿意的職務上老實努力的人；還是想要一個對未來還不確定、不甘心配合職務需求，還很渴望讓工作配合自己的人呢？

但人資專家不會告訴你，如果不趁年輕找到自己的熱情，也只不過是拖延十年等到中年危機來臨，才開始考慮要不要完成最初的夢想而已。喔不，到那時也可能你已被工作馴服，認為理想什麼的不要緊，寄託給孩子也可以。

工作不是別人賜與，是你自己打造出來的

說到底，我們習慣把「工作機會」當成神聖的賜與，那不是你應得的東西，而是某個高高在上的機構憐憫你的禮物，你必須經過一番測試、通過考驗，才能證明自己有資格領取。所以勤勞、有紀律、不計較回報默默耕耘的心態很重要；而你本身喜歡什麼、想做什麼就變得無關緊要。

在無數機構裡等著你去應徵的職位，當然不是為你（或任何人）量身訂做、而是為了完成職務本身的需求，也難怪沒人能找到完美的工作了。當你在職場上被打磨了好多年，也許可以成為填滿職位的那個形狀，但如果你不想屈服，試著創造自己的工作吧！永遠別忘記最初的熱情，在每一份不完美的工作裡賺取能力，找不到好工作？就自己創造完美的工作吧。

07

好好讀書，是為了以後賺大錢嗎？

「現在好好讀書，以後好好賺錢」是我們一路追求高學歷、大公司、優良產業、完美人生的思考核心。但好好讀書，是為了以後賺大錢嗎？現在好好讀書，以後就真的能賺大錢嗎？即使讀了書，賺了大錢之後，我們的人生到底要做什麼？

如果你是30歲以下的年輕人，一旦談到求學或工作的「生涯選擇」問題，肯定有個陰影糾纏著你，叫做：「現在好好讀書，以後才能好好賺錢」。這個陰影涵蓋的面積大概從18歲到40歲，從考試、填志願、找工作、跳槽到辭職，我們所做的每個選擇，始終都籠罩在這句魔咒之下。

令人熟悉的劇情是這樣的：

「媽，我對歷史很有興趣。」「你念那個幹什麼？又賺不到錢。」於是我們念了電機系。

「爸，我想休學去賣雞排。」「休什麼學？好好讀書以後才能賺錢。」於是我們拚命把研究所念完。

「老闆，我想辭職去搞文創。」「你想太多喔，做那個幹嘛？又賺不到錢。」於是我們繼續爲了年薪百萬的工作賣肝，直到……

直到40歲終於可以擺脫「好好讀書，好好賺錢」的陰影，然後恭喜你，正式進入中年危機的守備範圍了，接殺出局。

「現在好好讀書，以後才能好好賺錢」是台灣人深信不疑的咒語，也是我們一路追求高學歷、大公司、優良產業、完美人生的思考核心。但仔細想想，這句咒語其實隱藏了很多問題沒有解決：

第一、我們好好讀書，是爲了以後賺大錢嗎？

第二、現在好好讀書，以後就眞的能賺大錢嗎？

第三、即使好好讀書，賺了大錢之後，我們的人生到底要做什麼？

讀書是爲了賺錢嗎？

小學老師都教我們「職業無貴賤」，如果別人的父母是清道夫，不可以嘲笑他們，因爲維護環境整潔的工作很偉大。可是如果你有膽說：「爸，我長大想當清道夫。」大概會被老爸打斷腿，指責你怎麼這麼不爭氣！**原來，職業無貴賤說的是「父母的職業無貴賤」，但子女的職業肯定有貴賤。許多父母希望孩子讀書，是因為將來要從事高社經地位的工作。**

在職業貴賤階級裡，我們得努力向上爬，而區分貴賤的基礎，也只是在於錢賺的多少而已。在台灣，電子業最高級，服務業很低級；念理工才有前途，念文史哲，肯定無三小路用。我們不去討論爲什麼在台積電上班，薪水一定比社工高，就只是單純接受這個假說而已。

更不會有人討論的問題是，難道讀書的目的就是爲了賺錢嗎？商業大老一直在說，學校教出來的學生很難用，政府也說要加強教育和產業連結，彷彿學校只不過是職業訓練所。原來受教育不是爲了讓我們做一個「能夠開放平等地說理，對權威提出質疑和反思，成爲社會良知」的知識分子，因爲「你做知識分子幹什麼？又賺不了錢。」

好好讀書就能賺大錢嗎？

我們從小就學會要跟同學競爭，考100分、拿第一名、進建中、上台大，才能到最好最棒最大的公司上班。先不談爲什麼人生目標不是開公司當老闆，而是進公司當員工的問題，就算在學校當成績最棒的學生，就代表一定能在職場上成功嗎？

學校不過是人工虛構的環境，面對有標準答案的考卷，訓練有素的書呆子也可以拿高分。但在職場或職涯中，常常要面對沒有標準答案可以選、沒有課本可以看、除了個人能力還需要人際合作的情境。這也是爲什麼在學校的第一名的同學，出了社會不見得適應得最好。

道理大家都懂。不過爸媽依然會要孩子「只要好好念書，其他什麼都不用管」；公司人資部仍然先用學歷篩選應徵者；老闆嘴巴上說相信街頭智慧和學歷無用論，但一聽到你說流利英文、留學國外，光是印象分數就可以巴掉一堆人……

功課好就能在職場上成功？後面接的應該是問號而不是句號。

即使好好念書賺了大錢，人生到底爲了什麼？

你有夢想嗎？等財務自由以後就可以圓夢了！所有直銷公司都用這句話當開場白，吸引有夢的人加入。的確，「現在好好讀書，以後好好賺錢；趁年輕拚一拚，40歲退休去開咖啡店」是上個世代的典型圓夢計畫。不過**如果你有什麼想做的事情，為什麼不現在立刻就去做，而要等到賺到大錢或退休之後呢**？

當然你會問，沒錢怎麼圓夢？但或許應該反過來想：就是因爲沒錢，才可能實現夢想。如果你的熱情就是賺錢，沒什麼現實與夢想的衝突困擾，那應該擺兩桌恭喜你。但如果你最熱愛的不是賺錢，都還相信自己能比別人更快賺到錢去實現夢想，那爲什麼不相信自己可以在投入熱情的途中，賺到足以生存下去的錢？

在經濟成長、可以迅速致富的時代，不問目標、先埋頭賺錢，提早退休再去思考生命的意義，是條可行的道路。但在這個人口減少、經濟不振、老子多半比兒子有錢的年代，甚至無法期待退休金和退休生活，那還不如快點找到自己的熱情，設法把它做成一輩子的事業。30歲就做60歲退休想做的事，說不定是更理性的選擇。

「現在好好讀書，以後好好賺錢」的思維，回答不了「那如果賺到錢之後，你到底想幹嘛」的終極疑問。你有看過每天期待退休的創業家、攝影師、歌手、天文學家、木匠、職棒選手嗎？做自己想做的工作，到死也不想退休；做自己不想做的工作，每天都想退休。

08

別拿金錢當藉口，不去過自己想要的生活

即使你成為世界最有錢的人，也無法逃避一個問題：我的人生到底是用來幹嘛的？人們開始質疑什麼是成功，不再把錢當做成功的象徵，不再用錢來定義自我，也不能再拿金錢當藉口，不去找尋自己真正想要的生活。

「我觀察到最大的趨勢，是**人們開始質疑什麼是成功，金錢不是生命的全部，也不是成功與否的判斷標準**。」商業思想家韓第（Charles Handy）在自傳裡這麼說。雖然韓第是愛爾蘭人，他的自傳早在二〇〇七年就出版，不過這句話放在今天

的台灣，卻是再適合不過。

過去我們認爲成功就是有錢、有錢就是成功；現在我們開始質疑這個想法，認爲成功和有錢是兩回事。如果賺很多錢卻沒有生活品質可言、如果口袋有大把鈔票卻對世界沒貢獻，這種日子可一點也不令人滿意。

錢愈多不會愈快樂，發揮能力才是幸福

所有關於快樂的研究，都有一致的答案：超過某個程度後，錢再多也不會讓人更開心，原因很簡單，一旦人們滿足於某些基本需求之後，就沒理由再去買不必要的東西。（ps.這「某個程度」從年收入1萬到7.5萬美元都有人說。此外附帶一提，有經濟學家估計一周一次美好性生活的價值，相當於5萬美元年收，如果你上班做事妨礙做愛，可檢查薪水是否超過這數字。）

最有錢的人也無法一年穿一千條褲子，吃兩千道大餐，就算眞的讓你每天參加派對摟金髮妹、在海灘上喝酒曬太陽，重複放縱的日子三個月，也差不多覺得膩了。即使你成爲世界最有錢的人，也無法逃避一個問題：我的人生到底是用來幹嘛的？

偶爾揮霍讓人身心舒暢，但一輩子揮霍並不會覺得幸福。古希臘哲學家亞里斯多德說：**「幸福不是狀態，而是活動。」幸福不是一直玩一直玩，而是讓心靈和身體都保持足夠的動力，能夠「全力做你做得最好的事情」**。孔子也說過「知之者不如好之者，好之者不如樂之者。」能做一件讓你全心投入、樂在其中、把自己能力發揮到極致的事情，是我們覺得最幸福的時刻。

把時間賣給公司，人生追尋放一邊

上班族都做過「如果中了樂透要幹嘛」的白日夢，雖然很少人中了樂透之後還想繼續上班的（畢竟沒人會希望自己墓誌銘上刻著「這個人極大化股東價值」），但是也很少人眞的有想到中樂透之後要幹嘛——如果想到了，現在爲什麼不去做呢？因爲錢還不夠啊，所以就先繼續上班吧。眞是這樣嗎？

上班的好處是可以把「人生要幹嘛」的心靈追尋放在一邊，反正金錢、地位會隨著職位而來，把時間賣給公司、接受社會對成功的定義。就像走進便利商店買飲料一樣，抓了自己熟悉的罐子就走，最輕鬆合理不用煩惱。**只要開始忙，很容易就選擇自願當老闆與職位的奴隸，繼續跟著別人心中的優先順序，直到將來沒有職位的時候，才出現自我定位的危機。**

錢可以買很多東西，但買不到人生的意義與價值。在我們找到對金錢「足夠」的定義之前，永遠不會有眞正的自由，去追求想要的人生。韓第認爲所謂「金錢足夠」並非某個數量，而是不再把錢當做成功的象徵，不再用錢來定義自我，也不能再拿金錢當藉口，不去找尋自己眞正想要的生活。

花愈多時間賺錢，就剩下愈少時間做自己想做的事。把金錢「足夠」的標準設定得愈低，也就會有更多自由去做其他事。錢常常不會讓你更自由，只是把你綁死在賺錢上而已。

誠實面自己看重的事物，才能過得更幸福

當然你會問，如果金錢不是成功的定義，那什麼才是？想找到答案，就要先認清自己的價値觀、人生觀和生活的目的。誠實面對自己所看重的事物，面對「你如何定義自己」、「希望別人如何看待自己」這些最根本的問

題，才能知道自己的人生該做些什麼。

在找尋人生目標的過程中，有一件事值得注意：**成功的人生常常不是「先知道該做什麼，再展開行動」，而是剛好相反：把人生當成未知的實驗，付諸行動、偶爾質疑與修正，在反覆不斷的過程中，才能發現自己是誰、是塊什麼料，能把哪些事情做得最好。**

人生所發生的大多數狀況，都沒有課本上的標準答案可以參考，大多時候得自己選擇、判斷，然後堅持決定。假使你自己的答案更好，書本上的答案一點也不重要，不是嗎？

愛因斯坦有句名言：「應該避免向年輕人鼓吹『慣常形式的成功，是生活的主要目標』。生活中最重要的工作動機，就是樂在其中、樂於結果、以及了解這結果對社會有什麼價值。」如果你很有錢會想做什麼？這是個假問題，無論有錢沒錢，想清楚人生要做什麼、而且真的去做，才是把日子過得更幸福的方法。

09

先賺錢再實現夢想？那你想過賺多少才夠嗎？

十年前很流行竹科新貴40歲退休去鄉下開民宿，直銷業招攬新人也多半用「快速致富，再去實現人生」的說法吸引人。但我很想提出一個反問：「如果你有夢想，為什麼不現在就去做，要等到有錢之後呢？」

有一段時間我常在台北敦南誠品前被人搭訕，不是因爲我長得帥，而是來搭訕我的都是直銷商，哪個品牌都有。其實我對直銷沒有特別的好惡，讓我好奇的是，不管哪邊的直銷商搭訕我時都會問：「你有想實現的夢想嗎？」

搭訕的人說，其實他們也**有自己的夢想，但是現實條件困難重重：「你想想看，如果先賺到錢，就有能力去實現夢想了吧！」**

這種「快速致富，再去實現人生」的說法始終存在的，十幾年前台灣不也流行竹科新貴40歲就賺夠了，退休回鄉下開民宿嗎。如果先賺到一大筆錢衣食無缺，之後無論你的夢想是什麼，都有資金去完成吧？所以許多人正在努力賺錢，以便未來踏上夢想之路……

爲何現在不做，要等有錢之後？

但我想**提出一個反問：「如果你有夢想，為什麼不現在就去做，而要等到有錢之後呢？」**

你說我開玩笑，沒錢怎麼實現夢想？可是，你知道要賺多少才夠實現夢想嗎？是一千萬、兩千萬，還是一億、兩億呢？**大部分人都覺得自己錢不夠，但卻很少人想過錢要多少才夠**。

我的夢想是當作家，但我不知道要有多少錢才算是「可以衣食無虞自由創作」。隨便設定一個數字好了……兩百萬。假設我要存到兩百萬才開始寫作，但就算我眞的開始寫，也很難靠這行吃飯啊，兩百萬燒完怎麼辦呢？那要不要改成存到三百萬、存到五百萬、一千萬才開始寫呢？這麼一想，我覺得還是別肖想當作家了，乖乖去賺錢比較快。

的確你的夢想跟我肯定不一樣，可是你認為要有多少錢才能開始去做呢？愈想會讓你愈不可能踏上那條路。更何況，一個無法讓你現在就開始動手的夢想，根本算不上是夢想，頂多算是興趣嗜好、業餘休閒而已。

努力求生存，用夢想賺到錢

「先賺錢再實現夢想」的弔詭之處在於，如果你眞找到了快速致富的方法，短期內累積了一大筆財富，你會願意放棄它，踏上另一條未知的道路嗎？當你什麼都沒有的時候，實現夢想的機會成本是零；當你一年能賺兩百萬的時候，放下本業跑去寫小說的機會成本就是一年兩百萬啊！（如果連這你都甘願放棄，你現在應該就有足夠動力直接踏上夢想之路了。）

「先賺錢再實現夢想」也是刻意繞遠路，當我花了更多的時間精力在累積財富上，就只剩下更少時間去累積實踐夢想的能力。試問，光是有錢就能讓我寫出好作品、或者圓夢開一間好店、創辦一本好雜誌……去實踐其他想做的事了嗎？答案當然是否定的啊。

勸你先賺多點錢，等衣食無缺再去做夢的話，只會讓你衣食無缺之後還坐在那裡談夢想而已。如果你眞有個夢想，不如直接去做吧，在過程中努力掙扎求生存，設法用這個夢想賺到錢，才是眞正的實踐。

我開始寫了，而且我還沒餓死；也有朋友從攝影助理開始，剛剛當上攝影師；有朋友終於創立自己的公司，正在努力找金主投資；甚至有朋友小孩剛出生，卻自找麻煩選這個時機去開餐廳，只因爲再也忍不住開店的夢……

那些直接動手做、努力求生存的人，永遠有辦法活下來；而那些想等賺錢之後再去實現夢想的人，永遠還在賺錢中。

10

不用經營之神，我們需要更多小確幸

社會沒出路，不是因為小確幸太多，而是小確幸還不夠多（種類）的緣故。面對不確定的世界，分散風險、盡可能往多樣化發展，是找到更多出路的方法，能容許每個人成為自己喜歡的樣子，才是有生存力的社會。

在台灣，只要談到商業經濟或世代議題，就有人對「小確幸」很感冒，標準的批評是這樣開頭的：「年輕人失去從前的氣魄，不願走出去跟世界競爭，只想留在家鄉開小店、創小業，眼光只看自己的肚臍眼，沒雄心壯志。」通常中間會拿外國來比較，例如中國年輕人多有狼性，韓國年輕人多有競爭力等等，無論前面怎麼說，最後的結論通常都是「這樣下去台灣會完蛋！」

這裡我們要提出一個反論，台灣青年面臨困境，不是因爲只有小確幸、沒有雄心壯志的問題，而是因爲小確幸不夠多（種類）的緣故。

規模愈大，也代表風險愈高

大概是我們習慣說台灣是小島，平常往來貿易的又都是美國日本中國等經濟強權，過去台灣人對於「規模大」的東西似乎有異常的渴望，總覺得大才有競爭力，無論做什麼都要追求規模經濟、講成長率、擴張版圖、更大、更多才代表更好。

但對創造經濟繁榮來說，市場上有一家營業額一千億的大公司，和一千家營業額一億的中小企業，帶來的效果並沒有差別。甚至過度把資源集中在某幾個大產業，反而禁不起危機的考驗（兩兆雙星現在變成什麼了呢？），反而擁有種類更多元的小公司，對經濟體的存續更有利。

不妨用自然界的例子來想像，體型巨大的動物（像是恐龍），面對環境改變很容易滅絕；大象很容易跌斷四肢，但你把貓或老鼠從他們身高幾倍的地方丟下去，他們還可以存活。很多人強調規模經濟的優勢，但很少人會想到，規模愈大也代表風險愈高。

管理學家蓋瑞・哈默爾（Gary Hamel）說過一個有趣的例子：「**老實說，你相信讓一百個人、每人拿一千元去投資的結果，會比一個經理人一次決定一百萬元的投資更糟嗎？**」千億營業額的大公司熬不過轉型可能就要破產，但一千家中小企業就算死掉一半，也還有五百家可以繼續發展演化。

從集體社會，轉往個人價值實現

理論是這樣講，實際又是怎樣的呢？不知道你有沒有察覺，台灣已經很久沒人推崇「經營之神」了。王永慶是三十年前的神，而郭台銘語錄也是十年前的流行，已經不太有人提。**如果你問現在的年輕人想成為哪種人，大企業家已經退流行，取而代之的是不同夢想的實踐者**——好比麵包師傅吳寶春、搖滾樂團五月天、電影導演魏德聖……等等。

年輕人不再想當企業家，可以從兩個角度來看：企業家，以及年輕人。

近年來台灣企業沒有做出太好的示範，科技大廠排放污水，食安風暴吹出的黑心食品、營建業的賄賂官員炒地皮，還有只要薪資一上漲就會哭天搶地的企業主，即使公司賺錢也不願意分享給員工……種種新聞讓我們赫然發現，原來你的競爭力不是來自創新與生產力的改進，而是偷工減料、官商勾結與剝削勞工，許多企業主因此被請下神壇（當然我們不能一竿子推翻一船人，台灣還是有許多良心企業，只是信任感一旦被不良案例影響，需要很多時間恢復）。

另一方面，台灣也在經濟發展過程中，從集體化的社會轉向追求個體理想。我們可以用「後物質主義」（post-materialism）來形容台灣這一代的年輕人——更重視自主性、自我表達和價值觀的實現，物質滿足已經不是追求的重點了。與其談產值、經濟成長率、營業額這些，不如談談怎麼把自己的生活過得更精采吧！

從物質至上，走向後物質主義

很多人說，當代年輕人變得沒格局、志向小，不再爲集體的成功打拚，只在乎個體的小確幸，然而對照社會環境來看，這趨勢也不過是一種演化罷了。**過往的「成功」到底是用哪些代價換來的？過往的「富裕」到底為我們買來哪些東西？當我們反思這些得與失，甘願放棄某些企圖心來交換更好的生活環境，不能說不合理。**

年輕人並非失去雄心壯志，若要成爲企業家，我們需要對社會、對地球都更友善的經營策略；若要進入職場，我們需要更能實現個人夢想，讓才能有所發揮的工作；若要消費，我們寧願犧牲採購的便利，也要維護環境永續。我們的生活不一定要追求更多，應該追求更好，而這種「更好」，也不過就是從每個人每天的生活做起。

從追求「更多」轉向追求「更好」，就是從盲目追求成長與擴張，轉向期許和生活息息相關的小確幸的原因。我們要告別所有人都只想賺大錢，努力掠奪的時代，走向讓每個有夢想的人，都能發揮能力並且賺到合理報酬的機會，所以我們需要更多種類的小確幸，讓寫字的、種田的、開店的、做手機或做網頁的、賣菜賣衣服的人，都能成功，而不是告訴他們：「這些小確幸沒用，你幹嘛不去做更賺錢的工作？」

追求小確幸並不是經濟困境的來源，因爲**過日子和拚經濟其實是同一件**

事，問題是，你得先想好自己要過哪種日子，才去拚怎樣的經濟，唯有讓每個人都能實現個人價值，這個社會才有價值。

11

勞動者、工作者、行動者，你是哪一種？

如果你每天上班沒什麼成就感，只是賺錢求生存，那就只是一個勞動者。如果你的工作可以自我實現，卻不對他人造成影響，那麼或許算是個工作者。如果你的努力不但能自我肯定，還可以透過人與人交纏的網絡去影響、啟發其他人，才真正算是一個行動者。

如果你還記得，二〇一五年初有個新聞是「台北市長柯文哲找不到祕書」，說是因爲市長工作室太操勞，原本市府分配給柯P的祕書只做了一天，就哭哭啼啼說不做了，柯P費了一番功夫，好不容易才找到一個新進市府三個月的菜鳥來接手。

面對這個事件，有人批評公務員沒競爭力，只不過要加班待命就沒人敢做；有人說柯P這樣亂操祕書，根本是不顧勞動權益。其實就算不在公務體系，民間企業老闆要找助理也沒那麼容易。

太多工作覺得苦，沒事做又是一種羞辱

我認識一個企業執行長請人資部門招募助理，卻遲遲找不到。執行長說他不過只要求這名助理要「對工作認真負責，全力以赴」，如此簡單的條件卻嚇跑很多人，許多應徵者說想要正常上下班、明確表達不加班的念頭，讓老闆大嘆年輕人只想要生活品質，卻不願意勤奮努力換取美好未來。

其實從柯P和企業老闆的例子可以看出來，願不願在工作中操勞不是年齡問題（老公務員也是會哭啼求去的），而是許多人不願被滿滿的工作占據了生活。

有趣的是，**工作太多我們覺得苦，但在光譜另一端，完全不讓你工作卻也是一種羞辱**。日本有所謂「窗邊族」，公司如果覺得某人不適任，也不開

除他，就只把他調到辦公室的角落，不給事情做，或是每天要求他處理毫無意義的資料，讓來來往往的同事看著一個沒有任何貢獻的人（而且還派人監督不讓他偷懶），用這種羞辱的方式逼人辭職。

我們對工作眞是心有千千結，工作太多是血汗工廠，全無工作又是羞辱處罰；就算付出的努力相同，有些人拿高薪會被批是肥貓米蟲，有些人賺很大卻仍然萬人稱頌。在工作量和工作價值之間，或許可以引用漢娜・鄂蘭（Hannah Arendt）區分「人類活動的三種面向」來探討。

工作三面向：求生存→自我實現→影響他人

鄂蘭認爲，人類在社會裡的活動可分爲勞動（labor）、工作（work）與行動（action）。「勞動」是純然生存性的，爲維持生命所需的活動。我們認爲社會裡每個人都應該勞動，所以不勞而獲的人會被批評、富二代會被瞧不起，窗邊族則是被剝奪尊嚴的一群。

至於「工作」是非自然性的，跟自我滿足有關，假如我們存在自己的世界，和他人都無關，那能滿足自我也就夠了。比如我設計製造出一個自覺好用的杯子，就算沒有任何人知道，我也有成就感，工作可以讓我們認同自己。

而「行動」則需要透過我們與他人的互動去完成，在言談和行爲中顯示出個人的差異性、獨特性，我們藉由行動來獲取他人的肯定，並提升對自我的認知。例如你願意付錢去聽江蕙的演唱會，因爲你曾被她的歌聲感動，台語天后顯示了她的獨特性，影響了你我的生活。

如果用這個架構思考自己每天做的事，我們到底算勞動者、工作者還是行動者呢？

如果你每天上班沒什麼成就感，**只是賺錢求生存，那就只是一個勞動者。如果你的工作可以自我實現，卻不對他人造成影響，那麼或許算是個工作者。如果你的努力不但能自我肯定，還可以透過人與人交纏的網絡去影響、啟發其他人，才真正算是一個行動者。**

最後一提，沒有人能將自己的工作面向強加在他人身上，剝奪他人在工作中自我實現、甚至影響他人的機會。限制別人勞動的地方叫做血汗工廠，而今天的勞動者，是準備在明天成爲工作者與行動者。只勞動而不思索工作與行動的人，永遠會在夜深人靜時，質疑自己每天都在忙，卻不知道究竟做了什麼。

12

失業時，找到工作的意義

當老師問：「What are you?」學生不能回答：「I am human.」，我不是人，我是一個學生。我們認識一個人，最開始的問題是：「你是做什麼的？」對別人來說，我的身分就是我的工作；我的工作就是「我是誰」。

「比起死亡本身，失業更會強烈否定生命。」這是西班牙思想家加塞特（Jose Ortega Gasset）的名言。雖然不是每個人都有失業的經驗，但大家都很清楚工作、職稱對自己的影響。無論是同學會見到老朋友、逢年過節回家面對親戚，或是向陌生人介紹自己的時候，有個驕傲的職稱會讓人更有自信，如果連自己都覺得自己的工作很遜，甚至會讓我們不想跟其他人見面。

對工作的焦慮感，就像深深刺進心裡的刀刃，我們的一舉一動都得小心翼翼，以免牽動那個傷口。

我曾有過一段「棄業」的日子，當一個什麼都不做的廢柴，那段時間只要爸媽跟我一起出門，都會對別人強調：「我兒子正在換工作，馬上就會開始上班！」深怕大家識破我沒工作。不僅如此，連我自己一個人去吃麵被老闆問：「啊你怎麼這時間有空來？」都不知該怎麼說出自己沒工作，而老闆總是很敏銳的察覺他問了不該問的問題，趕緊打哈哈帶過。

仔細想想，人會因為名片上的稱呼就成為溫拿或魯蛇、自覺人上人或自覺不如人，實在是一件值得深入研究的事，究竟為什麼是「工作」影響了我們的價值，而不是其他事呢？

「我在做什麼」成爲我的身分

那段沒有工作的日子，讓我開始思考工作的意義。追根究柢，人在世界上最基本的任務是養活自己，而我們爲了存活下去，每天要做的事情，就是工作。遠古時代我們打獵、採果、種植作物，後來我們去上班、賺錢、買東西吃、買房子住。

但我們生存在群體的社會，每個人都會和別人互相影響，需要你幫我、我幫你，也因此，你擅長的事情變成你的工作，我擅長的事情也就是我的工作。**每個人做的事情對其他人有什麼幫助（或說對社會有什麼貢獻好了），就變成其他人認識自己的方法。一個人的「工作」開始變成一種「身分」，讓別人認識我、知道我是誰。**

國中學英文的時候，當老師問我：「What are you?」我不能回答：「I am human.」而是要說：「I am a student.」。我是什麼?我不是人，我是一個學生。我們認識一個人，最開始的問題也是：「你是做什麼的？」對別人來說，我的身分，就是我的工作；我的工作，就是「我是誰」。

這也是爲什麼失業會比死亡更剝奪生存價值——一個人失去工作，有如失去貢獻社會的能力，也失去了人的身分。

工作如武林，職場就是江湖

工作是我們的身分，用武俠小說來看這個概念會很淺顯易懂。如果你有看過電影《臥虎藏龍》，一定記得玉嬌龍在小吃店被「眾大俠」找碴的片段：

「在下『鐵臂神拳．米大彪』聽聞有高人在此，特來請教。」

「我是『冀東鐵鷹爪．宋明』，這位是我大哥『飛天豹．李雲』……」

「我乃『鳳陽山魁星五手．魯君雄』！」

玉嬌龍頓時臉上三條線：「你們名字也太長，誰記得住？」

武俠小說裡，行走江湖的大俠一定要先報上名號（冀東鐵鷹爪）來讓別人知道：「喔～原來這個人是在幹嘛的！」（在冀州東部活動，擅長鷹爪功）就像現代人見面時也會說：「我姓李，在仁寶當財務經理」一樣，你姓什麼不重要，重要的是你做什麼。

失業時，我的第一個體會是：完全不工作的時候，其實心裡非常害怕。因為我失去了名號、失去了身分、失去了對社會的貢獻、失去了幫助他人的能力。我不再是「冀東鐵鷹爪」，即使我的鷹爪功還在，只要我不工作，就沒辦法讓其他人認識我，讓我在社會上立足。

第二個體會是：以前的我把「工作」和「生活」分開，所以認爲是工作占據了過生活的時間。但現在我才發現，原來「生活即工作，工作即生活」。

工作，就是我們爲了活下去，每天在做的事情。所以，把健康顧好也是工作、陪父母出遊、跟女朋友約會也是工作、自我進修是工作、完成自己的夢想更是一種工作。所以，沒有什麼「工作與生活平衡」的問題，我們有的，只有「工作與工作平衡」的問題。這個概念，我們在下一篇文章繼續討論。

13

算了吧！沒有「工作與生活平衡」這回事

其實沒有工作與生活的平衡，因為工作與生活根本是同一件事——把健康顧好也是工作，陪父母出遊，跟女朋友約會也是工作，自我進修是工作，完成夢想更是一種工作。沒有什麼「工作與生活平衡」的問題，我們只有「工作與工作平衡」的問題。

台灣人熱愛工作是出了名的。如果你不相信，請走進便利商店翻開商業雜誌，看裡面怎麼描寫成功人士。不論他們的豐功偉業是哪種類型，其中必有一點是你我所不及：他們熱愛工作（或者說，工作狂），每天上班十幾小時乃家常便飯，別人在休息他們在努力，所以成功。

如果你身為求職者，膽敢在面試時說自己很強調工作與生活的平衡，接下來有八成機率會被說是現在年輕人太沒競爭力，已經不願意打拚。

傳統觀點：工作高於生活，工作狂值得稱頌

我們現在喜歡講「工作與生活的平衡」，不過這句話也有盲點：如果社會上大家工作與生活都很平衡，那根本沒人會強調這件事（一件自然又普遍的事，怎會需要強調呢）。正是因為你我的工作與生活太不平衡，而且是極度偏往工作那邊，所以才有人說出需要平衡的訴求。

承認吧！在台灣的我們，當口中說出「工作」與「生活」兩個詞的時候，工作的地位遠遠高於生活。

對於公司裡最早來、最晚走的同事，我們給他尊敬。一個終日待在急診室待命的醫生，我們覺得他更可靠。一個為了服務客戶，24小時on call的業務員，我們覺得他比別人有競爭力。但如果有個同事幫你介紹新朋友，描述說他這個人很懂過生活，喜歡品酒或郊遊，我們心裡大概都會認為，嗯，你應

該家裡不愁吃穿，所以有空玩這些三五四三……

我們好尊敬「工作狂」，內心深處卻多少有點輕視「生活家」，所以，高喊工作與生活的平衡是沒用的，因爲我們內心先天就認爲「工作理應高於生活」。既然如此，不如換個方式想，到底什麼才是工作，什麼才是生活呢？把定義轉換一下，有助於我們脫離這個漩渦。

過去我們認爲，跟賺錢有關的才是工作，其他算是生活。但現在我們**可以這樣想：和家人相處的時間也是一種工作，把身體健康顧好也是一種工作，找尋自己的人生目標更是一種工作，戀愛或是和朋友聚會的時間，都是我們為了活下去必須的工作。**

把生活分成幾種工作，調配比例去做

管理思想家查爾斯．韓第（Charles Handy）在《你拿什麼定義自己》說到：「工作與生活的平衡，在我看來是個誤導人的講法，因爲這個說法暗示工作和生活是兩件不同的事。生活的絕大部分就是工作，……關鍵在於『工作的平衡』。」

韓第把自己的工作分爲四種：

1. **賺錢的工作**：只是用來維持生計、純粹爲了收入而做（常常一點也不有趣）。

2. **家庭工作**：洗衣、燒飯、教育小孩、打掃、陪伴父母等等。

3. **奉獻性工作**：回饋社區、當義工，成爲一個對社群有貢獻的人。

4. **終身學習工作**：讀書、寫書、研究有興趣的事情，讓自己持續成長。

這四種工作要維持均衡（每個人的比例不同，有些人希望多賺點錢，有些人可以少賺錢、但多和家人相處），所以，其實沒有工作和生活平衡的問題，只有工作與工作平衡的問題，因爲不同類型的工作混合在一塊，做起來就愉快了。

請記住，**「工作即生活，生活即工作」，把人生必須完成的事情都當成某個種類的工作，給予一視同仁的重視**，唯有如此，才不會在夜深人靜的晚上，總是感慨於自己始終在做別人給定的事情，除了賺錢到底還剩下什麼？

人生過得好不好，只看怎麼規畫自己的各種工作。你可以選擇賺多點錢或賺少點錢；選擇多追一些夢想或少追一些夢想，工作並不是沒有彈性、被綁死的宿命。人生很長，我們隨時都能選擇應該完成的部分工作。

14

工作為何不快樂？如何變得開心？

台灣只有9％的人樂在工作，低於世界平均的13％。要樂於工作，必須讓自己每天做的事情是有意義的（至少對自己來說）、有貢獻的（對外界來說），如果能有相處良好的團隊、處於正向文化的環境裡就更棒了。

台灣社會有個普遍現象，上班族談到工作的時候，總是訴苦比較多。每天事情多到做不完，還得小心拿捏跟同事的關係，老闆跟客戶又有許多無理要求（換成主管卻會煩惱部屬爲何沒有動力）。夜深人靜時，偶爾會懷疑自己每天都在幹嘛，再這樣下去是不是該換工作？

相信你我一定都有朋友因爲工作問題，陷入憂鬱或混亂狀態。不說別人，我自己就曾經被工作壓垮，選擇脫離工作崗位一段很長的時間，讓身心狀況慢慢恢復。而根據蓋洛普（Gallup）二〇一三年橫跨142個國家的「State of the Global Workplace」調查，**台灣只有9％的人樂在工作，低於世界平均的**13％。跟最樂於工作的美國人（30％）、巴西人（27％）相比，台灣人的工作快樂度只有三分之一。而我們還有一本雜誌叫做《快樂工作人》呢！

工作憂鬱症，傷肝又傷心

商業書裡的成功法則讓我們很憂慮，自己就是不夠工作狂、沒有每天工作16小時、發揮「休假也接電話處理顧客需求」的熱情、點燃「別人不做的我來做」的動力，所以才無法成功。老一輩的人說：「你們是最富裕的一代，從小有最好的照顧、受最好的教育，但就是日子太優渥了，所以不夠努力。」這句話像幽靈一樣盤旋在腦海裡，每天戳著神經。

的確，父母長輩中，多年來努力工作賺錢發達，拚到身體壞掉得肝病的悲傷經歷，已經發生在你我身邊。三十年來工作形式改變了，現在年輕人比較少因爲工作而傷身，多半變成傷心的憂鬱。工作傷害從肝病的生離死別，轉換成自己爲被沉重的責任壓垮、被壞老闆或工作環境搞到心靈扭曲、每天努力卻找不到方向而茫然無助，想擺脫工作卻又怕背負「不事生產」、「魯蛇」（loser）的社會壓力，只好早上醒來繼續去上班。

經濟學家凱因斯（John M. Keynes）曾在一九三〇年預言，隨著人類的經濟發展，在一百年後（二〇三〇年）就可以解決匱乏問題，從此只要一周工作15小時，就能滿足生存的基本需要，而剩下的時間可以自由發展工作以外的興趣，過有餘裕的生活。然而二〇一四年的現在，我們每周還是要工作42小時。全世界最短工時的法國，也有每周35小時。到底有什麼辦法可以讓凱因斯的夢想實現？

有勇氣做更少、但更正確的事

事情做不完、客戶要求無止盡，讓我們很憂鬱，但我們卻還是很習慣要求自己做更多，才能更有競爭力。如果今天有人說，他想找個「錢少、很閒」的工作就夠，大家八成會覺得他怎麼可以這麼不長進。**工作憂鬱有一部分原因，得怪我們自己喜歡跟人家比，羨慕別人贏、害怕自己輸，導致工作永遠愈做愈多，責任愈扛愈大。**

這麼一來，也許在這個喜愛競爭力的社會裡，甘願認輸的人會比較快樂。就像《敗犬的遠吠》寫的，既然這個社會認為結婚的女性才是贏家，選擇不結婚的女性也不用解釋太多，先認輸就好了。即使不婚未必代表不幸，自己心裡了解就夠，不用特地去堅持什麼。換在職場上，面對社會對事業成功的價值認輸，好好做自己認為有意義的事，一樣可以把日子過得很好。

但在現代社會裡，工作代表一個人的身分，所以「認輸」並不簡單。我們可以觀察到，失業者常有一種被剝奪感，有時甚至比生病或死亡更令他害怕。這也是為什麼許多人即使無法忍受目前的工作，但在確定找到下一個職位之前，還是不敢貿然轉換。因為害怕因失業而失去身分，只好讓工作繼續殘害自己的內心。

從自己做得最好的事，開始著手

人資管理權威戴夫・尤瑞奇（Dave Ulrich）認爲，人要**樂於工作，必須讓自己每天做的事情是有意義的（至少對自己來說）、有貢獻的（對外界來說），如果能有相處良好的團隊、處於正向文化的環境裡就更棒了。**而所謂「有意義的事」到底要怎麼找到呢？也許可以參考商業思想家查爾斯・韓第（Charles Handy）的話。

韓第曾說，所謂幸福，不是一種狀態，而是活動。即使每天躺在沙灘上發呆，三個月之後大概也膩了，人生最大的幸福其實是可以「盡全力做你做得最好的事」，發揮自己的能力、每天都進步一點點。思考自己的專長能對哪些人產生貢獻，可能是結合內在意義與外界貢獻，讓工作變快樂的方法之一。

以前，我們老是要求自己（或部屬）做更多，才不會在競爭中落後；也許在未來，眞正有勇氣做更少的人，才能做出更正確的選擇，讓工作變得更自由。

15

工作苦悶不知該不該換？思考這三點幫你判斷

覺得工作痛苦卻無法離開，大致可以歸納出三個原因：成就感、金錢、方向感。當然這不是一篇勸人離職的文章，你也可能在職位上解決這三個關卡，只是，無論你想不想換工作，總有一天都會面臨「自己到底想做什麼」的質問。

不知道你有沒有這種朋友：把「好想換工作」掛在嘴邊，每天都在細數這份工作的缺點，卻始終留在崗位上繼續受折磨。其實對上班族來說，「要不要換工作」真是令人糾結的問題，尤其是我們看別人在工作中閃閃發亮，覺得好羨慕，自己卻覺得工作很悶，不確定是自己能力有問題，還是這份工作出了問題，想換工作，又不知道該不該換，眞的要換，也不知道要換什麼，換工作之後會不會更好。

不滿意工作卻無法離開，大致可以歸納出三個原因：成就感、金錢、方向感。當然，這不是一篇勸人離職的文章，你也可能在現有職位上解決這三個關卡，讓工作變得更有滿足感。

第一：工作成就感的魯蛇困境

「每個人都要在工作裡獲得成就感」這句話實在太老生常談，之所以再拿出來講，是爲了反過來想：既然工作是我們成就感的來源，那「失去工作」對成就感的剝奪也不是開玩笑的強烈，很多人就算工作不快樂也不想離開，**是因為沒工作還比做爛工作更令人恐懼，這也是很多人在找到下一個工作之前都不會離職的原因**。

我人生第一次辭職的時候，還不到一個月就快發瘋，穿居家服去麵攤吃飯的時候，都覺得老闆看自己的眼神很輕蔑。跟爸媽在路上遇到熟人，人家問「兒子怎麼有空陪你？」爸媽的回答總是遮遮掩掩，對方也馬上知道自己問了不該問的問題，氣氛尷尬到很可笑的地步。

就算不是失業，而是因爲工作太爛而辭職，我們也還是會產生一種「魯蛇」感，懷疑別的同事都可以繼續做，選擇離開的自己眞的很沒出息（也許不是這份工作太爛，是我太爛也不一定？）不想低人一等的心情，讓人寧可被工作折磨，也不肯輕易離開。

如果你有朋友每天抱怨工作，又不肯辭職，勸他留或走好像都不對，也許可以試著解決這個魯蛇困境——如果眞的在工作中找不到有成就感的部分，那離開也無妨，試著接受自己是個暫時的魯蛇，以後還有贏回來的機會。

第二：不敢脫離穩定的經濟來源

會失去穩定的收入來源，是我們抱怨工作卻不願辭職的另一大原因。當你跟親朋好友說想換工作，大家第一個會問的就是「那錢怎麼辦？」而這甚至和你存款多寡無關，即使帳戶裡有足以過完一兩年的資產，沒有穩定收入還是會失去安全感。

有些人明明加班到身體「歸組害了了」，決定辭職好好修養，結果沒多久又去找工作了，還比之前的更操勞（然後繼續抱怨工作又不離職），就是因爲沒有固定金錢來源。如果還有房貸車貸的壓力，那更是不得了的恐怖。想解決這個問題，可以**把戰線拉長，在下定決心換工作之前，先過一段「高築牆、廣積糧」提升本錢的階段吧！**

第三：就算想換工作也不知道換什麼

最後這個原因恐怕是最重要的。**雖然覺得現在的工作不好，但也不知道自己想幹嘛，要換工作都不知從何換起！**這麼一想，感覺問題出在自己身上，努力接受「人都是做一行怨一行，沒有工作會讓你滿意的」說法，繼續撐下去，不知不覺間就變成每天都說想換工作，最後還是沒換的「工作抱怨鬼」……等等，這太可怕了吧！

看著那些有明確方向、有努力目標，在工作裡散發光芒的人，眞不知他們比較幸運還是比我努力？可是羨慕別人或抱怨運氣不好都不能解決問題，重點還是要怎麼變得有方向吧。

台灣的文化並不鼓勵工作者摸索找出方向，對工作的想像力也很貧乏，家長朋友期望你畢業就進大公司、好公司，工作穩定不愁吃穿，最好薪水比同年齡的人高，就是溫拿不是魯蛇了。我們擅長在同個標準底下的「競爭」力（反正幹掉別人就有好工作），不擅長思考規則為何要這樣定（想做什麼我也真不知道）、所謂工作到底還有什麼可能性。

我們沒有「在陌生荒野裡找出一條路來」的職場文化，常常需要先知道可以做什麼，才會開始行動。對於工作這件事，我們不愛風險，現成的路可是最有效率、又夠穩定的選擇，所以需要一個工作接一個工作，需要維持穩定的金錢安全感。但**如果你在一條條既有道路上覺得困惑，想走出新的路徑，就必須承擔更多不確定性，先開始沒有目標的行動、在反覆試誤中找出方向**。

都說工作要有熱情，但熱情不會平白出現，也需要投資時間、花費精力，去思考自己的生命過程，去解釋自己經歷過的世界，發現自己和別人有什麼不同，才能想像出一個值得奔赴的未來。對找熱情來說，想著要怎麼勝過他人沒有幫助；想著怎麼與眾不同、如何持續學習加強這個不同點，才能琢磨出值得走的方向。而無論你想不想換工作，總有一天都會面臨「到底想做什麼」的質問。

16

熱情消磨殆盡？參考兩種「征服工作」的方法

如果你覺得上班就像有個巨輪在後面追，可以加速跑在「上班巨輪」之前，融入公司的職位，再把職位改造成想要的模樣；或是想辦法打造自己的工作之輪，在後面推它前進，設法讓它愈滾愈大。

還在上班的時候我一直有個困擾，每天常常不知做了什麼時間就過了，明明工作也不是不認真，一進公司就忙著處理老闆的吩咐、客戶的需求，中途接個電話，同事有突發狀況過去幫個小忙，等到放鬆心情上個網，赫然發現已經下午四點！唉，看來自己的事情又要等到加班時間沒人吵，才能好好做完了。

就這樣每天每天忙著被交代的事，自己想做的東西和對工作的雄心壯志，根本沒時間完成，熱情漸漸被消磨殆盡……

上班都在完成別人的要求？

當時有個前輩告訴我，年輕時他是怎麼「征服」這些工作的：**「如果你覺得上班就像有個巨輪在後面追，唯一的方法就是走得比它更快。」**

前輩用「滾動式管理」來形容他的方法，告訴我永遠不要只想當下的事情（否則永遠都在救火），要多想後面好幾步棋，有時甚至想得比老闆更遠。舉例來說，當月業績當然不是當月才苦惱，你一月就要盤算六月的客戶，二月就要撥時間處理七月會有的案子，提前把老闆可能會交代的任務打點好，等老闆開口，你早就準備好怎麼做完了。

這位前輩上班時永遠走在巨輪前面，輕鬆處理工作之外，還有餘裕做自己喜歡的事情，反正老闆的要求他都做完了，當然可以提出有自己創意的工作，讓上班變得不無聊。

但不知是資質太駑頓，還是難以被工作的框架馴化，我曾試圖用前輩的方法來征服工作，最後卻被工作征服（差點像那首歌唱的一樣「切斷了所有退路～」）。隨著職位爬升，我要處理的任務愈來愈雜，要顧及的同事愈來愈多，要支援的範圍也愈來愈大，我永遠追不上那個巨輪，無法在優先順序中把自己想完成的事情提前，而是不斷有組織的需求壓在前面。

就像拼錯的拼圖一樣，我好像無法嵌合到工作需求裡，上班愈來愈像爲人作嫁，陷入了更廣大的迷茫。最後我離開了工作，去當一個自由接案的獨立工作者。

跑在「上班的巨輪」之前，才有餘裕改造它

那時我開始想，爲什麼每個工作都是「因事設人」，而不能「因人設事」呢？我們都是因應職務的要求，而去做那份工作的，業務、行政、研發、技術員……每個人上班都要去完成一份既定的需求，把自己套進那個職位的形狀，所以叫「因事設人」。

然而身爲工作者，我理想中的型態卻是「因人設事」，不是因應職位的

需求，而是讓職務因應我的專長與弱點，讓我可以發揮強項幫助別人，也能找人來互補我的缺點，當我有放開手腳去試的機會，才能把我的工作性能發揮到極致啊！

想想看，如果有個公司不是找人來應徵業務員、技術工、形成總機、研發助理；而是集合一群人，因應每個人的專長去產生某項工作、某個職位，上班肯定不會那麼消磨人心吧！可是實際上，除了某些集體協作（例如維基百科）案例之外，一般公司組織不可能如此運作。

加入公司，一方面被職務的框架限制，但另一方面也享受公司提供的資源，能完成個人做不到的事，比如資金規模更大的案子、客戶範圍更廣的服務等等，是一種等價交換。要在組織裡待得久，最好是能夠調和個人目標和公司目標，如果兩者一致，就不會有什麼「無法嵌入」的問題。

就像那位前輩，最後爬到公司高層當上老闆，開始有時間、有權力把工作變成自己想要的樣子，免除「上班無法自我實現」的困擾，征服了工作。

創造自己的工作之輪，推它往前跑

而我選擇**另一條征服工作的途徑：離開組織給的職位，創造自己的工作**。由於我是nobody，不可能有組織「因人設事」給我自由做事的空間，如果想讓工作配合我，就不能往組織裡鑽，最好是提出自己能做的事，設法說服別人埋單讓我做，而我也能結合工作與自我實現。

身爲一個獨立工作者，我必須清楚自己的專長與能耐（我能做什麼），設法了解他人的需求（別人要什麼），也得想辦法匯集資源、和不同的人溝通合作（如何才能做到），一面接案養活自己，也向別人提案。我不敢說自己已經成功，但目前正靠這樣的能力存活中。

前輩和我都是在工作中追求自我實現的人，只是兩人做法不同。他加速跑在「上班巨輪」之前，融入公司職位，還把職位改造成想要的模樣；而我則是被上班的巨輪輾過後，想辦法打造自己的工作之輪（雖然還很小），在後面推它前進，設法讓它愈滾愈大。

現代社會，只把工作當賺錢的人愈來愈少，能在工作裡得到自我實現不是更好嗎？這裡整理了兩種征服工作的方法，不過肯定還有第三種以上，等你去發現。

PART 2

改寫成功與失敗

Redefining success & failure.

01

「成功者故事」不會讓你更成功

每個成功故事都是後見之明，在事情還未發生的當下，誰會知道這樣就能成功、那樣就會失敗呢？加上當事人不知道的因素與運氣成分，甚至無法確定成功者真知道自己是怎麼成功的，更何況是透過撰寫故事的紙跟筆呢？

「成功者故事」是商業知識的一大主流，就算你不看商業書或財經雜誌，光是每天滑臉書，都可以看到許多成功故事，比如臉書創辦人的會議心法、賈伯斯的用人原則、某家公司連續十年成長的祕訣、某總經理反敗爲勝的三個關鍵……

看著這些成功原則，我們總想好好效法——要當晨型人、工作要有紀律、使用長皮夾、想的不一樣，還有好多好多，因為俗話說機會是給準備好的人，我們得按照一種有效率的成功方式，在機會來臨前準備好自己，期待有一天像他們一樣成功。

但是好奇怪，成功的習慣那麼多，為什麼成功者還是那麼少？

成功故事，都是後見之明的歸納

我們始終相信，世間有一套「正確」的行事方式，只要把這套方法做好，就會得到成功的結果。至於失敗的原因，若不是我們對這套方式的認識不夠完全，就是執行力不如人。所謂「追求卓越」、「最佳實務」、「競爭力」大體都不脫這個概念，所以我們需要閱讀成功故事，讓自己複製別人的經驗。

或許在泡咖啡、做料理、手工藝的範圍裡，的確有成功的ＳＯＰ，但在人生、商場或球場裡，會有保證成功的「正確」策略嗎？

「機會是給準備好的人」這句話大有問題，因爲根本沒人能在事前知道自己準備好了沒。（能知道的話，還會有人失敗嗎？）**每個成功故事都是後見之明，成功者的事後回溯可以有條有理、邏輯分明，但在事情還沒發生的當下，誰會知道「這樣就能成功、那樣就會失敗」呢**？即使已被證明成功的策略，也許還包含了當事人不知道的複雜因素，也許其中運氣成分超過人爲控制，我們甚至無法確定成功者眞能知道自己是怎麼成功的，更何況是透過撰寫故事的紙跟筆？

許多偉大的商業策略並不是「事前精密計畫、事後精準執行」的產物，而是「先做再說、隨機修改」的結果，就像重大科學發現或劃時代的藝術品一般，是獨特而無法複製，甚至無法用歸納、類推和理論來解釋的東西。照抄這些「成功方法」並不會得到類似的成果，甚至可能和它的結果天差地遠。

只想模仿的人，永遠只能在後面追

偉大的企業家總相信自己是對的、別人是錯的，企業家精神（entrepreneur）的本質就是和別人不同。當然並不是和別人不同就一定會成功，但如果你只想拚執行力、目標放在「比對手做得更好」，結果只會和對手愈來愈像。

商業世界好像一群斑馬，不複製別人的成功經驗就不舒服，當其中一隻開始往某個方向跑，整群都會跟著跑。比如上班開會，老闆會要你「看看國外有沒有成功案例，拿來改一下」或是「競爭對手這樣做，但是我們可以做得更好、更有效率，來跟他搶市場」，我們情願跟著產業的最佳實務跑，也不要自己摸索出獨特的成功道路。

當競爭者慢慢匯流到同一條路上，你學我我學你，大家都差不到哪去，之後總有一個與眾不同的人冒出來，敢於破除競爭慣例和消費心態的常規，就像一隻離群的斑馬往不同方向跑去，一旦他成爲那個「成功案例」，所謂的「最佳實務」就開始換人，眾人學習的方向出現大調整，然後繼續下一個模仿的循環。

勇敢嘗試錯誤，比遵循成功法則更重要

競爭的本質是殘酷的，贏家少、輸家多是常態，無論生物演化或商業戰場，成功的永遠只有少數（否則也不叫成功了）。但如果成功故事沒有用，爲何我們還是很喜歡聽成功者的名言呢？或許只是我們想證明自己能力還不夠、還沒「準備」好，就是因爲自己想不到成功者說的那些法則與公式，所以現在還很失敗，給自己找藉口吧！

讓我們換個角度想，**既然遵循任何成功格言都不保證成功，那麼學習面對失敗、找出新方向反而更重要**。科學哲學家卡爾·波普（Karl Popper）提出的「反證法」就是最好的解答：我們無法證明什麼是對的，但能證明什麼是錯的，只能不停試誤來趨近正確。成功無法複製（你永遠不會知道下一個人是怎麼成功的），但失敗卻可以避免重蹈覆轍。

勇敢嘗試錯誤，會比努力效法成功故事、學習成功法則更有力量。模仿或許是競爭的必然結果，但我們每天上班並不是爲了複製別人的典範，而是要能走出獨特性，當我們愈想「第一次就做對」，不願意「第一次就做錯」，就永遠學不到新事物、永遠只能在後面追。

所以說，忘掉成功者和成功格言吧！有勇氣去嘗試不同的路，失敗時還能笑得出來，就是讓自己更堅強的方法。

02

最有競爭力的人，很可能是最無聊的人

我們擔心找不到工作、擔心被人比下去，所以在乎競爭力，渴望在競爭中贏過一些人來得到安全感。但回頭想想，有沒有競爭力，跟你這個人有不有趣、受不受歡迎、日子過得快不快樂，都沒有太大的關係，因為在競爭力的世界裡，我們很難做自己。

台灣絕對是個「競爭力上癮」的社會，每天看到的新聞總是提醒著每個人，要趕快加強競爭力。

只要經濟成長不如預期，就會有工商大老出來表示：「競爭力輸某某國，台灣就無法超生。」面對

匯率問題，有企業疾呼央行「要讓新台幣貶值，企業才有競爭力」；也有公司老闆說：「匯率不是企業能左右的因素，我們會自己加強競爭力」，不論新台幣升值貶值，反正大家的目標都是競爭力。就連教育新聞的標題也是：「十二年國教要激活學生的競爭力」，每年還有大學舉辦「青年競爭力論壇」，邀請企業CEO和學生對話。更別提瑞士洛桑管理學院（IMD）每年公布的競爭力指標，連總統都不得不關注。

我的某位友人有個小學一年級的兒子，因爲字寫得醜還不想改正，被他念小五的姐姐說：「媽，妳應該要好好管教弟弟，要不然他以後會變得很沒有競爭力，出去一定找不到工作。」雖然是個極私人的例子，但**若說台灣連小學生高年級生也知道競爭力很重要，應該不會有人反對**。

擔心被人比下去，所以在乎競爭力

我們很喜歡講競爭力，不過，到底什麼才是競爭力、又在競爭什麼東西呢？

商管教科書告訴我們，競爭力（competitiveness）有兩種：「企業」競爭力，以及「一國某種產業」的競爭力；指的是能夠占據比競爭對手更多市場的能力，但是這種競爭力並不探討個人。小五姊姊擔心弟弟「找不到工作」的個人競爭力，也許比較接近人資管理上「職能」（competency）的意思，是公司用來描述員工能否把工作做好的能力，包括知識、行爲和認知技巧等等，它最大的好處是可以幫助企業招募員工、選擇和發展人才。

是的，我們擔心找不到工作、擔心自己被人比下去，所以在乎競爭力。以後工作會用到英文，現在趕快學好才可以幹掉其他人；老闆需要勤奮的員工，最好先鍛鍊刻苦耐勞的本事；專業資格需要證照，起碼在畢業前先考一考……我們渴望在競爭中勝出，至少贏過一些人（或國家）才感覺安全。但回頭想想，**其實有沒有競爭力，好像跟你這個人有不有趣、受不受歡迎、日子過得快不快樂，都沒有太大的關係**。

在競爭力的世界，卻很難做自己

講到念書和就業，很多人告訴你競爭力無比重要。但**提到過日子，沒人會建議你怎麼喝一杯有競爭力的咖啡、如何用最有競爭力的方式看一場電**

影、談一場高競爭力的戀愛、怎麼安排旅行才能提升競爭力。喝咖啡聊天、看電影、聽音樂、旅遊……這些在我們生活中創造最多亮點、最多話題和回憶的事情，都和競爭力沒什麼關係。（喔，不過告訴你「人生壯遊一次會提升競爭力」的《商業周刊》卻很暢銷，你說台灣人是不是競爭力中毒很深？）

當然這不是說，很有競爭力的人都過得不快樂，只是許多人巴不得一年有時間看52場電影，可以出國旅遊兩個月，最好還每天下午悠閒喝咖啡。仔細想想，我們在生活大多數時間裡，運用超級的競爭力來工作，到頭來卻爲了滿足一些與競爭力無關的東西，這種精神分裂是怎麼造成的呢？

或許是因爲，在競爭力的世界裡，我們很難做自己。

要競爭，自然有規則、有指標、有成績表現，必須在給定的規則之下做得比別人好。但就算在這些規則中勝過其他人，也不保證那是原來的自己。許多企業大老擔心年輕人愈來愈沒有競爭力，或許是因爲：比起競爭，年輕人更想做自己。**我們願意花時間思考人生的意義，不一定要當那個最成功的人，情願放棄一點在集體中求生的競爭力，找回那些讓我們成為獨特個體的東西。**

年輕人的志向小、不再在乎競爭力，台灣經濟會不會完蛋我不知道。但話說回來，管理學上的核心競爭力（core competence），不正是擁有一套「單一、獨特、不易被模仿的資源運用與技術」嗎？學會不去競爭的我們，努力活出獨特的自己，或許反而才是另一種勝利。哎呀，文章寫到最後，我也不能免俗的「競爭力上癮」了一下，想的還是怎麼贏……

03

「幾歲要做到什麼」是個陷阱，愈快忘了愈好

從好多「○○歲以前要做到的××」書籍可以發現，我們還很習慣聯考式的人生，每次年齡關卡的焦慮，只是提醒我們還是沒自信摸索出不一樣的生命、走沒人走過的道路。所以不如忘掉它吧！把年齡魔咒放一邊之後，會發現人生選擇其實遠比想像中的多很多。

大概從我們十七歲讀到孔子說「三十而立、四十不惑」開始，「幾歲以前要做到什麼」的焦慮就深植在台灣人的心裡。職場中的我們，每當年齡逼近某個整數——三十、三十五或四十歲，這種焦慮

感就更加強烈。

走進書店，年齡關卡不時刺痛神經，要我們提醒自己《30歲之前輸得起，30歲之後傷不起》《30歲你必須贏》《30歲決定未來收入的90％》《30歲以前一定要搞懂的自己》《30歲不做，40歲會後悔的事》。

就算你不知不覺過了三十，別以為就可以從關卡解脫，我們還有《35歲前要做的33件事》《35歲前職場必備贏家8法則》《35歲前一定要戒除的60件事》《我收到最好的投資建議—35歲前要有錢》等各種任務準備要完成。

在經濟不景氣、薪資停滯的時期，為了不輸在起跑點上，年齡關卡還提早出現，我們現在有《25歲前一定要學會的拒絕力》《25歲前要知道的生存智慧》《真希望我20歲就懂的事》《決定一生的關鍵20歲》，甚至還有《真希望17歲就學會的金融知識》……

「幾歲前要如何」會讓我們做出扭曲選擇

在台灣當上班族實在有夠累，光是職場競爭力就這麼多，副本下不完，還有許多視窗不停閃爍，提醒我們「欸，你別忘了還要抽空學好投資理財」、

「你快三十歲了，存到一百萬沒？」到底有誰能把這些任務完全攻略呢？

「幾歲以前要做到什麼」的魔咒，常讓我們做出一些扭曲的選擇。好比女生通常都在二十八或二十九歲交到人生最爛的男友，一段孽緣牽扯了幾年、分手之後才驚覺，「吼，當初要不是爲了趕在三十歲前結婚，怎麼想也不會跟這種人在一起的啊！」

職場上也不例外。三十歲以後，爲了年薪不輸給同學、爲了「三十五歲前要一定要當上主管」，許多人開始不允許職涯有任何倒退或暫停，永遠只能勝利。換工作時，優先考慮的是職位薪水一定要比之前高，就算在同個公司裡，對「權力慾望」的追求超越了「專業成長」，本來認眞做事的同事或前輩，變得開始選派系、搞政治、要資源、求地位，就像天行者被黑暗原力淹沒成爲黑武士一樣。

我們愈是被這些年齡關卡所綑綁，就覺得職涯選擇愈來愈少，一旦想開這點，才會發現選擇多的是。

「四十歲就不再學習成長」的迷思？

令人好奇的另一個點是，這種**「幾歲之前要充實自己，不然就來不及」的活動，大部分頂多持續到四十歲，彷彿之後後我們就自動具備一切能力、不用再讀書學習了一樣**。

在網路書店搜尋，找到的是《40歲就退休》《40歲好日子才開始：享受人生下半場》《愈活愈自在：後40歲的樂活人生計畫》好不容易才看到一本《40歲開始成長的人，40歲停滯的人》。至於四十五歲以後，那可是養生、樂活、退休、存到幾千萬之類的世界了。

原來我們在三十幾歲瘋狂加強競爭力，只是爲了四十歲提早退休過好日子，三十歲時努力找到的贏家法則，只用十年不覺得太短了嗎？爲什麼好像職涯到了四十五歲，就該是學習退休生活、不必再加強自己的競爭力了階段了呢？

理由之一：台灣上班族都很用功，四十歲以前能力都加強完畢了！（呃，大概不可能吧）

理由之二：四十歲以後，人生勝利組和失敗組差不多大勢底定，誰還管你什麼贏家法則啊！結了婚生了小孩、買了車買了房，往後的日子準備以二十年爲單位計算，在孩子長大、房貸還完之前，幾歲之前要做到幾件事？對不起沒空理你。就像公司每天拚良率、顧訂單都來不及了，哪有時間聽你說什麼不創新就是死呢。

理由之三：四十歲以後重要的不是學習，而是要強調職場倫理和輩分的重要。年過四十就差不多可以大聲說「現在的年輕人啊……」，正式遺忘自己以前也當過年輕人，而且好像也被更老的人罵過一樣的話。

以上當然是半開玩笑。但都說是終生學習的時代，四十歲以上的人卻好像沒有什麼書本可以用來學習成長，或許是書本以外的學習更重要吧？

忘記參考書，自己找職涯的答案吧！

從這麼多「〇〇歲以前要做到的××」可以發現，雖然大學聯考已經廢止很久了，但我們似乎還很習慣聯考式的人生。職涯指南還是跟參考書一樣，告訴我們在這既定的「生涯規畫」跑道上，幾歲以前最好當上主管，幾歲以前最好存到一百萬，否則你就會落後其他人。

其實每一次年齡關卡的焦慮感，都只是在提醒我們，自己還是沒自信摸索出不一樣的人生、找出沒人走過的道路。所以不如忘掉它吧！把這些年齡魔咒放一邊之後，你會發現人生的選擇其實遠比想像中的多很多。

04

魯蛇vs.勝利組的「同學會焦慮症」

當我們愈相信「努力→成功」的因果關係，就愈被深深地鎖在「不成功＝不努力」的嘲諷感裡。然而，對於成功與失敗，我們可以採取更寬容的看法：追求自己對成功的定義，重視過程而非結果，對失敗經驗更溫柔，別拿自己跟其他人比。

承認吧！畢業愈久，我們對「同學會」這三個字就愈敏感、愈糾結。在各努力自打拚事業、娶妻生子後根本無暇休閒的年代，能和老同學一聚，當然是值得期待，不過，只要再想到同學會要穿什麼去、要跟大家聊哪些話題，就不免一陣心臟緊縮——

「那個誰好像年薪早就破百萬，開名車，我穿個T恤牛仔褲會不會很奇怪？」

「如果被問到『最近在幹嘛？』要怎麼說啊，大家應該沒聽過我的公司吧。」

「我到現在都還沒交女朋友，人家都結婚生子了啊！」

「好多人都買房子了，就我還在家裡跟爸媽住……」

「交換名片的時候，我的職稱會不會很遜？」

同學會基本上是一種「和跟我差不多背景的人相比，我日子有沒有過得很好」的參照比較大會。表面上跟大夥打屁聊天，重溫同學友誼，不過心裡差不多是在糾結這些問題。一場同學會開完，可能會有某些人贏得優越感，某些人在某些地方感到失落，眼看同學年薪高、女友正，就連開的車也很炫，自己都這把年紀了，到底在幹嘛……

努力是否就能成功？

報紙雜誌、臉書網路常常提醒我們，要成爲「人生勝利組」、打進「贏者圈」。我們對什麼叫成功人士有很具體的形象：賺很多錢、在專業上有成就、有被人尊敬的職位……等等，而在這個平等的現代社會，沒有天生高人一等的貴族、也沒有天生低等的賤民，我們可以相信流汗會有收穫，努力就能成功，每個人都有機會成爲勝利組。

「人人都有機會成功」的確是現代社會最迷人的發明，但也正是如此，我們很習慣用成功的金字塔來衡量每個人的價值，如果厲害的人會往上爬、爛人會往下滑，那麼成功的人就值得我們尊敬，而魯蛇是因爲他們活該。**當我們愈相信「努力→成功」的因果關係，就愈被深深地鎖在「不成功＝不努力」的嘲諷感裡**。

這種感覺甚至內化到行動裡了，比如當我面對一個西裝筆挺、職稱是「○○企業總經理」的人，就連說話語氣都會當場矮人一截、客氣得要命；可是五分鐘後當我面對另一個失業者，卻可以理所當然地告誡他應有的工作態度、職場倫理。

這種想法最可怕的地方是，如果跟別人相比，我自己也是魯蛇一枚，那麼「全都是因爲我很差勁」的焦慮就揮之不去。而同學會，正是印證自己是魯蛇的好去處。

對失敗保留一點寬容

然而，對於成功與失敗，我們可以採取更寬容的看法：

■ **對成功更自主：**用google圖片搜尋「成功人士」，得到的結果眞是妙不可言，好像成功就只有那一種形象而已。但社會上並不是每個人都需要走一樣的路。參加同學會前花五分鐘想想，自己覺得的「成功」到底是什麼？我們應該追求的是自己定義的成功，而不是跟別人比較之下的成功。

■ **對過程更重視：**愛我們的老爸老媽常說，只要有努力、盡全力，做出和以前不同的改變就是一種成功；但你的老闆和商業書會告訴你，說「我盡力了」只是一坨狗屎，因爲我們「只問結果、不要藉口！」愈是看重最後成果，就愈無法容忍努力卻徒勞無功的事情發生，也更容易傾向投機取巧，或是怨天尤人。

至少偶爾把重點放在過程吧，和課本不一樣，人生大部分的狀況並沒有標準答案，我們只能自己判斷，自己決定，然後堅持決定，等待不一定會立刻發生的好結果。

■ **對失敗更溫柔：**在「成功金字塔」的階級觀裡，我們常常忘記還有機運這回事。古人說「謀事在人、成事在天」，但在現代社會，我們不需要「天」了，不成事是因爲你沒有好好去「謀」，跟天無關。西方中古世界看到窮人，人們會說他很不幸（unfortunate），因爲幸運和財富沒有眷顧他；現在我們看到一個窮人，卻會覺得是因爲他不努力，所以不需要同情。愈是競爭的社會自殺率就愈高，大概是因爲連自己都無法同情魯蛇般的自己。

不過嘛，**我們常常是在「行動、實驗、質疑、再行動」的過程中，才能找到真正的自己，如果你的人生過得一帆風順，很可能是人生實驗還推得不夠遠**，如果有勇氣失敗，或許還有別種生活會屬於你。所以說，當我們看著失敗的人們（或失敗的自己）也許應該當成那是勇氣的表現，而不是懶惰的象徵。

對於開啟人類的比較心、嫉妒心的功能來說，同學會的確是偉大的發明。普通人不會拿自己和連勝文來比，因爲誰都沒有含著那樣的金湯匙出生，但同班同學——這群和我們有最類似生活背景的人，剛好是人生實驗組和對照組的最佳來源。話說回來，同學間的成就競賽，和用考試分數高低來評斷人性是差不多的道理，而雖然我們都最討厭媽媽拿自己跟別的小孩比，但是長大變老以後，我們好像更愛拿自己跟別人比。

05

別鬧了，踏出舒適圈不是只有出國好嗎？

> 舒適圈是心理疆界，不是地圖疆界。當台灣勞力成本上漲，趕快找一個勞力成本更低的地方，用壓榨勞工的老套，這叫做「當環境改變，趕快找另一個舒適圈，躲回裡面」。即使留在本地，只要敢做不一樣的嘗試、努力去改造環境，就是用行動證明拓展舒適圈的定義。

台灣學生出國留學的數量減少，許多社會賢達在憂心；年輕工作者不想去中國工作，人力銀行和商業媒體也在憂慮，理由是：「年輕人愈來愈不願踏出舒適圈」。但在這裡我們想懷疑一下「出不出國」和「要不要打破舒適圈」，到底是不是眞的有關係？

舒適圈是心理疆界，不是地圖疆界

舒適圈（comfort zone）是一個心理學理論，起源於羅伯特．耶基斯（Robert Yerkes）在一九〇七年的研究。不過要到一九九五年才被引用到商業領域，之後開始有學者用它來談論企業員工的績效管理。

簡單來說，舒適圈是一種行爲狀態。說明人在沒有焦慮的環境之中，只需要運用有限的技巧就可以交出穩定的表現，可以不用擔心任何風險，已經建立起舒適圈的人，會傾向留在圈內，而不是踏到圈外。比如我們都喜歡做自己已經很會的事情、和熟悉的朋友互動，一旦跳出自己熟悉的領域，無法預測環境會有什麼改變，就會出現壓力與焦慮。

老闆和商業媒體都很鼓勵員工要「踏出舒適圈」，如此我們才會歷經不同的考驗，運用各種思考與行爲的技巧，和周遭環境互動，得到新的回應。當我們可以創造出過去沒發現的安全感，舒適圈就擴大了，也成爲更有績效更有生產力的工作者。

理論聽起來很激勵人心，不過，理論也告訴我們，**所謂舒適圈指的是「心理的疆界」，而不是地圖上的疆界；走到地圖上的另一個地方，並不一定就是打破舒適圈**。

在中國複製台灣模式，叫做逃回舒適圈

這麼說吧，假設小李以前在台灣總公司當財務經理，現在到了對岸崑山廠，職務不變，只是換個地方工作，或許往來客戶與銀行會有些許不同，但上班用到的技能並沒有差太多。這不叫勇於踏出舒適圈，可能更像「勇於讓家庭生活變得很不舒適，但是賺比較多錢」。

又或者，當台灣勞力成本上漲之後，很多企業趕快找一個勞力成本低的地方，但做的還是以前在台灣的老套——蓋工廠、利用低廉勞工成本，接訂單出口外銷——**這也不叫踏出舒適圈，這叫做「當環境發生改變，趕快找到另一個舒適圈，躲回裡面」**。過去幾年台灣商業的主流，就是這種「逃進中國舒適圈」的模式，我們在那裡找到三十年前經驗繼續適用的地方，有便宜勞力、有廣大市場可以複製以往的經驗，即使當個活化石也過得不錯。比起

留在台灣這個變動之地，風險低了不少。

老是有人說台灣人不再出國留學、不想出國工作，是因為不想踏出舒適圈，但現在許多年輕人的夢想是在台灣本土做一些不同於過去的事情，打造新的環境。

有人申請上外國名校卻不去念，因為如果想追求知識，在台灣和國外的差異愈來愈小。有人不想出國工作，因為發現國外經驗並不一定適用本土，既然以後都要回來，幹嘛不現在就在這裡開始創造自己的東西？愈來愈多青年不用加入知名大企業，寧願從事不知能否成功的社會企業，也要讓在這片土地上生存的人變得更好。這些人即使沒出國，卻是實踐了「勇於踏出舒適圈」的硬道理。

在本地做不一樣的嘗試，得到伸展的可能

踏出舒適圈，不是只有出國一種途徑。願意換個環境挑戰自己當然是好事，但如果踏出國界只是為了繼續用舊經驗做老事情，也稱不上什麼勇敢。

反而那些願意投入草根運動的青年、走進鄉村實踐有機農業的新農民，

以及嘗試結合營利與公益的社會企業創業家，並不用被扣上「眼光狹隘」的帽子，即使留在本地，只要敢做不一樣的嘗試、努力去改造環境，就是用行動證明拓展舒適圈的定義：**「運用各種思考與行為的技巧，和周遭環境互動，得到新的回應與伸展的可能。」**

06

站起來、走出去？我情願彎腰改變這塊土地

選擇不出走的年輕人難道怕競爭嗎？正好相反。寧願留在這個地方，環境不好也不在乎，是因為我們認為自己有能力改變，不用跳到一個環境好的地方跟上大浪。我們不在乎在爛隊打球，我們相信自己能把球隊變好，不用抱明星球員的大腿拿冠軍。

自從中國經濟起飛，台灣持續疲軟不振，社會上就出現一股「稱讚中國年輕人競爭力，反省台灣年輕人軟弱無力」的強力論述。我們常聽到的「狼性勝過小確幸」，「陸生努力念書、台生上課吃便

當」等等各種故事都是範例，幾年以來，叫台灣人多去中國開眼界的有，強調不要待在島嶼要勇於走出世界的也有。

常常某個名人到了中國的商場，看到對岸商業規模快速成長、產業蓬勃發展、年輕人企圖心強烈、賺取的財富大幅增加，然後「驚覺」台灣死氣沉沉，於是趕快勸我們趕快「站起來、走出去，跟世界競爭」，不要「眼光只看自己的肚臍眼」。可是爲什麼許多人如此苦口婆心，很多年輕人還是不想走出去？

第一個謬誤：用結果論評斷外國本國，沒考慮制度面

回想起來，這種「別國年輕人比較強，我們早就追不上」的威脅恐嚇，也不是什麼新鮮事。台灣人從小都是被嚇大的，記憶力好的人應該記得十年前這類論述的主流是「台灣要輸韓國了！」三十年前是說「美國人從小都怎樣怎樣，怪不得我們比不上。」在台灣，從來不缺反省下一輩的故事給我們聽。

然而這種「外國強、台灣軟」的論述，常常都是**沒考慮制度與環境因**

素，**成敗論英雄的結果論**。當你看到一個人很成功、賺很多錢，靠的是他自己的能力嗎？並不盡然，還有很大的因素叫做環境與制度（葛拉威爾在《異數》這本書裡有豐富的解析）。中國正處於快速發展的時期，市場成長快，當然機會多、能成就大量財富，在這樣環境下的年輕人，養成對物質與地位貪婪的「狼性」也沒什麼好稀奇的。

假設今天直接把台灣和中國三十歲以下的年輕人交換居住地點，難道台灣就會充滿狼性，中國就會流行小確幸嗎？別鬧了！不考慮制度因素，只會說你看人家賺了好多錢好厲害，你做不到就是輸了，是太天真的看法。

第二個問題：用舊觀念評斷新世代，是一種落伍

接下來你會問，既然兩邊環境不同，年輕人還不趕快到大市場上拚搏、贏取成就，偏偏要留在鬼島當魯蛇，不就是沒競爭力的象徵？打個比方吧，你會用數學成績來評斷一個立志成爲漫畫家的小孩夠不夠格嗎？

我們可以用「後物質主義」（post-materialism）形容台灣這一代的年輕人——更重視自主性、自我表達和價值觀的實現，物質滿足已經不是年輕人追

求的重點了。如果有人立志縱橫商場賺大錢，還用等你苦口婆心勸諫嗎？早就去中國廝殺好幾輪了，而**不想出走的人，問題不在競爭力，而是志向的差異**。

台灣社會早就走過經濟起飛的年代，產業也必須轉型。年輕人已經從馬斯洛的需求金字塔往上爬，從物質主義轉向自我實現（無論是因爲日子已經過得夠好，不需再追求什麼，或者反正薪水也看不到未來，完成個人目標還更有意義），詭異的是，許多人還在用金字塔的下層來要求新一代，不斷把想站在巨人肩膀上的他們扯下來，質疑他們爲何不願意當那個站在底下的舊巨人，以致於兩邊沒有共同的語言可以對話。

我們不會在飛彈時代要求士兵一定要刺刀衝鋒，也不會用達文西的古典標準來評斷後現代藝術，但還在用加工出口時代的理想衡量創意創新人才。用舊觀念評斷新社會，是一種落伍。

第三個反擊：不出去是沒自信？留在台灣更有挑戰性

都愛說台灣是鬼島，那幹嘛還不出去？「年輕人你們怕什麼呢？爲何不去跟世界競爭？」的質疑，聽到耳朵都要長繭。許多以國際觀自許的人，也只不過是當台灣社會改變，就趕快找另一個舒適圈躲進去而已。

講到影視廣告創意產業，台灣市場小、競爭激烈、費用低落，如果你選對時機走進中國，不用太厲害的創新也能靠以前的老把戲賺一票；講到製造業，當台灣勞力成本上升，趕快找個低薪國家投資設廠也很合理。夢想著那個大市場，期望自己看準浪潮、站上浪頭就能被帶得很遠，這種思維不是不能理解。

然而，選擇不出走的年輕人難道怕競爭嗎？正好相反。**寧願留在這個地方，環境不好也不在乎，是因為我們認為自己有能力改變**，不用跳到一個環境好的地方跟上大浪。我們不在乎在爛隊打球，我們相信自己能把球隊變好，不用抱明星球員的大腿拿冠軍（還呼朋引伴叫大家都報隊一起打，連霸多爽），自己的國家可以自己救。

衝浪客當然可以說我找個大浪衝得好快自己好厲害，覺得旁邊在玩海泳的朋友速度實在太慢，不過與其站起來、走出去，還有一群人情願彎下腰，改變這塊土地。最好別低估新一代的年輕人實現理想的蠢勁，**在這個沒有夢想的台灣，有人願意留在這裡改變社會、實現理想，做不到的人就別多嘴什**

麼了。

你當然可以放眼世界去競爭、追求財富、地位、科技、用資本市場的金融力量取得成就、成爲商業雜誌的封面；我也可以眼光盯著腳下的土地，做一些自己覺得有意義、不一定生存得下去、現在很小以後卻未必的理想，試著串連大家的力量一點一滴改變。走後面這條路要面臨的挑戰並不會少過前者，而且還得抵擋「鬼島魯蛇自甘落後」的批判，然而，當大家都放眼世界、走出鬼島的時候，誰來改變台灣？

07

都說國際觀很重要，但你真的了解過它嗎？

對台灣人來說，國際觀是一種「雖然不清楚，總之很重要」的東西，至於它真正的內容是什麼，反而很少人探究。學英文就會有國際觀嗎？出國就是很有國際觀嗎？培養國際觀是為了要競爭力嗎？這篇文章要打破這三大迷思。

如果我說台灣是個「國際觀上癮」的社會，你一定無法否認。我們每天受到「國際觀不足」的精神威脅，如果你是學生，社會賢達會勉勵你要多培養國際觀，把格局放大；如果你在上班，成功企業家會要你具備國際觀，眼光不要只看島內；如果你是老闆，媒體會要求你有國際觀去面對全球競爭，千萬不要畫地自限。

我們常常可以看到「留學國外人數減少，大學生欠缺國際觀」、「上班族不願被外派，缺乏國際觀」、「不要局限本土市場，創業要把市場放眼國際」的論述。不過當你開始追問：「到底什麼是國際觀？」「爲什麼我們要有國際觀？」的時候，就會變得有點尷尬。

對大家來說，國際觀是一種「雖然不太清楚，但總之很重要」的東西（就像要把書讀好、要找好工作、要結婚、要生小孩這種事一樣，不清楚為什麼，總之很重要就對了），至於國際觀真正的內容是什麼，反而很少人提。

只知道它很重要，卻不了解它的內容

當我在Google搜尋「國際觀」，有169萬個搜尋結果跳出來（費時0.42秒），如果輸入的是英文「international perspective」，更有爆炸性的一億八千四百萬個搜尋結果（費時0.25秒）。

從眾多資訊裡，大概整理出「國際觀」的意思大概如下：

「有能力分析並關懷世界不同地區的視野。」

「知道世界在發生什麼事，並對這些事情產生觀點的能力。」

「對國際事物有興趣、對國際文化有敏感度、掌握國際局勢、了解國際緊密結合的現象（例如歐債危機對台灣會有什麼影響），最終找出自己在國際社會中的定位。」

「擁有專業知識、掌握世界脈動、具有國際關懷、展現人文素養。」

國際觀，是我們對其他文化的好奇、了解與關懷，我們要掌握國際事件與局勢，才能清楚自己面臨的狀況，確定會受到哪些因素的影響。這定義很簡單易懂，通常沒有太大爭議，但奇怪的是，以上這些「國際觀的定義」，跟新聞裡碎碎念的那些行為（英文不好、不願留學、不願外派、不開拓國際市場）沒有任何關係。

想要國際觀，學英文不是重點（你需要的是求知欲）

所有談論「培養國際觀」的新聞、書籍或演講，都強調「學外文」的重要性。「外語能力好，不一定有國際觀，但要有國際觀，一定先要學外文」的概念根深柢固，不過，如果你眞的很想知道「這個世界在發生什麼事，掌握國際脈動，有國際關懷」，其實英文超爛也沒關係啊！台灣出版市場裡，占絕大多數的是翻譯書，看原文版《追風箏的孩子》會比中文版更快了解阿富汗嗎？如果想了解東非大裂谷的自然生態，看國家地理頻道（有字幕）是最快的方法吧。此外，在網路上可以搜尋到看也看不完的國際資訊，不論是海地獨立史、泰國紅衫軍、韓國流行音樂都一樣有中文資料。

就算沒有中文資料，當你眞的很想了解一件事的時候，語言問題不會是你的障礙，你可以找人幫忙，或者邊看邊學啊，查字典慢慢看，總看得懂了吧？

這意思當然**不是不用學英文，你想學任何語文都是好事，只是那跟國際觀沒關係**。如果你想了解國際新聞、國際局勢，不用多好程度的英文就夠用，加上一本字典或google翻譯更是如虎添翼。二十年前有很多人爲了聽懂日本歌而學日文，現在也有很多年輕人爲了聽韓文歌而學韓文，**語文永遠不是阻止我們了解事物的最大障礙，求知欲才是。**

具備國際觀，跟競爭力無關（你需要了解人性）

此外，另一種非常有力的訴求是說，國際觀跟你的競爭力有關。這種說法主張：「現在很多企業是跨國公司，職場上，我們常需要跟不同國家的人合作，因此了解不同國家的狀況就愈來愈重要。」這個說法乍聽不錯，但也有問題存在。

首先，這種「競爭力觀點」強調你應該學好外語，才能跟外國人溝通，好像忘記世界上有翻譯這種職業一樣。當然我不可能質疑「英文超優，求職更有優勢」的論點，畢竟如果你會講英文，公司不用請翻譯，至少有成本優勢。

不過，當你真的做到經理人，要**和不同文化的人溝通、合作、一起工作，你的語文能力和國際觀，不是影響你表現的最大關鍵，反而，你尊不尊重他人、了不了解人性、能不能凝聚團隊、有沒有辦法推動變革、敢不敢做出困難的決策才是**——這些能力都是對主管的基本要求，就算你只在國內當經理人，沒有要去國外工作、管理來自7個國家的24個團隊成員（7跟24可以用N和M代替）也都需要這些能力。

培養國際觀，不用出國（你忘記台灣就有很多外國人）

另外一種常見的國際觀是要你：「趁年輕去國外走走，了解各地文化。」這當然不是壞事，比方說出國念MBA（學費好幾百萬），有來自19個國家的32個同學（當然，也可以用N和M來代替）可以讓你交流不同文化。可是，我只要星期天到台北晴光市場，也一樣可以跟菲律賓人交流文化啊。

中壢火車站、台中中山公園不也很多移民工嗎？或更方便的，隨便走進一家越南餐廳跟老闆娘聊天，不也可以掌握越南文化和國際情勢嗎？你大學同學裡也總有幾個馬來西亞學生吧？甚至家裡就有印尼照護工，但你卻很少跟他聊天。

承認吧！我們心裡的「國際觀」是有等級的。對於美國、歐盟、日本、中國，很多人想貼上去了解，但是印尼、菲律賓、越南這些跟台灣愈來愈相關的文化，我們不屑紀念。我們很常聽說台灣有五十萬台幹在中國工作，在中國怎樣怎樣的，但很少人談五十萬在台灣工作的外勞，需要怎樣的環境。

所謂的「國際觀的定義」不也包括「全球關懷」嗎？還是說了解薩摩亞群島、薩爾瓦多、塞內加爾文化，對「競爭力」沒幫助，所以不用了解也沒關係呢？當然，我不反對去國外走走、行萬里路的好處，但所謂的國際觀，不是只有想變成先進國家而已，還包括關懷後進國家，不是嗎？

在台灣，大部分人鼓吹的不是眞正的國際觀，而是散發功利色彩的、被扭曲的國際觀，在那視角之下，讓人看不起本土、看不起後進國家，這種被扭曲的國際觀帶來哪些問題，我們在下一篇文章繼續討論。

08

「你缺乏國際觀」是話術還是事實？

「你缺乏國際觀」這句話，跟「你格局不夠大」、「你態度不夠好」「你不夠努力」、「你很聰明只是不用功」等等的句子一樣，是別人無法反駁的一種話術，因此關鍵就在誰先說出口，先說的人就能站上道德制高點，指責別人。

在台灣，「○○○缺乏國際觀」是個萬年不敗的新聞標題，前面的空格可以用學生、青年、企業主、文創工作者、本土電影……等任何詞語代入。但在這裡我想提出一個另類看法：與其說國際觀不足，**台灣人更欠缺本土觀，才是造**

成國際觀問題的來源。

說起來好像有點違反直覺，讓我們從底下的例子開始看：

比起國際觀，我們更缺乏本土觀

常常有人說：「看外國的文化作品，是培養國際觀很有效的方式。」比方從《追風箏的孩子》可以了解阿富汗文化，從《三個傻瓜》了解印度文化，看《沙門空海》了解古代日本和中國如何交流……等等。但詭異的是，當你想拍一部濃濃本土風情的電影，人家會告訴你：「你題材不夠國際化，會賣不出去。」

彷彿我們很渴望了解異國風情、外國文化，卻刻意不讓外國人了解台灣文化一樣。

仔細想想，難道《追風箏的孩子》題材很國際化嗎？它根本超級本土化的吧；《哈利波特》只有濃濃英國觀，哪來的國際觀呢？《三個傻瓜》有提到任何印度之外的事情嗎？任何一個太過國際觀的作品，怎麼會有「異國情調」，能讓我們了解「這個地方和世界其他地方不同」的獨特文化呢？

我們想要透過「濃濃的異國情調」的作品來增加自己的國際觀、了解外國文化。但每當有本土風情的作品問世，就會有人撻伐說格局小、只會自我凝視、不夠國際化，問題出在哪裡呢？

眞正的國際觀，以及被扭曲的國際觀

如果你想更有國際觀，就更需要充沛的本土觀來對稱。**沒有本土觀的國際觀，只會變成「台灣就是制度很差，不像國外都怎樣怎樣」、「以前我在國外的時候……」這種外國月亮比較圓的「外國觀」而已。**一個人如果討厭自己，一心只想變成其他人，最後只會淪落到失去自我的下場，當你都不愛自己的時候，別人怎麼會愛你呢？

台灣人特別強調國際觀，有特定的歷史背景。我們曾經是靠美軍保護的小政權，加上有個想併呑自己的鄰居，爲此產生出害怕被世界遺忘、害怕被國際孤立的焦慮心情，一點也不難想像。此外，台灣過去靠外銷出口，以外匯發展經濟，最好的農產品、工業製品以賣給外國人爲傲，以致於大家都認爲「國際觀」很重要，一定要做外國市場才能賺到錢。

這也是爲什麼，我們的國際觀經常和「競爭力」綁在一起。因爲不想在全球競爭中輸給那些（我們認爲）落後的國家，所以國際觀論述每每強調你要更用功、更努力、更奮鬥，就像A段班同學的成績輸給B段班會很丟臉一樣，我們在乎「先進」國家的看法，卻對那些「落後」的世界不太在意。

但是，**真正的國際觀絕對是強調在地本土、重視文化多元性，而不是「一心成為國際」的單一樣貌，本土觀和國際觀是一體兩面，必須互相對照、缺一不可**。去美國念常春藤盟校，跟別人一起關心聯準會QE、反恐、歐債危機當然很炫也很重要，但星期天到台北中山北路二段菲律賓街，去中壢火車站看看泰文、印尼文、越南文的月台標誌，到中和南勢角緬甸街逛逛，跟越南餐廳的老闆娘聊聊天，很可能會發現世界就在你眼前，而且不用搭飛機出國。

「你缺乏國際觀」只是站上道德高點的話術

請記住，「你缺乏國際觀」這句話，跟「你格局不夠大」、「你態度不夠好」、「你不夠努力」、「你很聰明只是不用功」等句子一樣，基本上別人是無法反駁的（誰會認爲自己態度夠好、夠努力只是不夠聰明呢？）既然這是一種話術，關鍵就在於誰先說出口，先說的就能站上道德制高點，指責別人。

在討論「你缺乏國際觀」之前，請先了解到底什麼才是國際觀。而和國際觀相比，許多台灣人更欠缺的是本土觀，以致於一心想成爲國際，無法成爲自己，只會套用「台北秋葉原」、「台中六本木」、「高雄曼哈頓」、「彰化費茲洛公園」的名稱，一窩蜂種植吉野櫻，出現許多彩繪海賊王、小叮噹的藝術村落，還有七堵龍貓火車、南投合掌村等完全脫離在地歷史脈絡的「觀光景點」，一點也不意外。

台灣人喜歡眼光看海外，不看島內（否則馬上會被說是格局小視野窄充滿自卑又自大的鎖國心態），但這也成爲了自我實現的預言——**愈是往外看，就愈覺得台灣愈小，很沒機會，如果想要有機會，最好快點出國，於是，本地也因此愈來愈沒機會，愈來愈小。**

我們愈覺得自己淺碟，不值得發展文化，就愈沒有文化；反過來說，當我們愈願意發掘自己的特色，才能愈跟別人不同，愈有自己的風格。這兩者一樣都是自我實現的預言，就看你選哪一種。

比起東京、洛杉磯、峇里島，你去過幾次台東太麻里、花蓮玉里？你認識多少外國作家，知道幾位台灣小說家呢？在台灣，「你缺乏國際觀」是話術的成份，大概多過於事實，而我們不認爲「缺乏本土觀」很重要，才是更大的國際觀問題。

09

要當第一名，還是學著做自己？

當第一名的困境是，得用點手段讓自己愛上工作，或者想個不愛也能做下去的法子；而做自己的難關在於，要忍受別人的嗤之以鼻，或設法改變世界，讓大家覺得你在做的事情很有價值。

不知道是青春期告別得太晚，還是中年危機來得太快，最近和幾位三十五歲前後的朋友聊天，每個人都面臨職涯關卡，而且「卡」住的狀況還很類似。

朋友們各個學歷優異、工作順利，大多身爲部門主管，能力獨當一面，而且有車有房薪水高，根本是社會認定的勝利組嘛！一開始聊天，我暗自覺得他們哪會面臨什麼職涯困境，直到跟不同人泡了好幾次咖啡店，才慢慢歸納出這類「三十五歲卡關」的症狀：

社會成就vs.自我追求，三十五歲卡關

- 雖然工作做得很不錯，但好像愈做愈覺得沒意義，不確定是否應該繼續下去。
- 每天花在組織溝通（老闆與部屬之間／部門與部門之間）的時間，超過實際做事的時間，成就感逐漸降低，覺得厭煩。
- 薪水基本不愁吃穿，但沒多到能成為天龍人，那賺錢是為了什麼？
- 想拋開現有的一切來個生涯大挪移，但又沒方向，不清楚自己想要什麼。
- 因為不知道自己想幹嘛、能幹嘛，只好暫且留在職場裡。
- 回到第一項，問題開始不斷循環（也就開始找朋友喝咖啡啦）。

我偷偷把這個困境簡化成**「不知道要繼續當第一名，還是放棄成就去做

自己」。朋友之所以找我聊，並非我是什麼職場明燈，只是我有「放棄職位」的離職經驗，而我也只能說說「做自己」的那個極端，至於如何「成爲第一名」的解決方案，他們還會去找別人談。

三十五歲卡關的原因，有個體也有總體面向。從個體面來看，台灣人從來不怕競爭，我們從上學到上班，都被教育成很會當第一名——好好念書、考試考高分、進了好大學、找到好工作，比職位、比薪水樣樣都不輸人。反正考試不會只考你喜歡的科目，工作也絕不會只有你喜歡的範圍，**從小在競爭中長大的我們，都很習慣努力完成給定的目標，至於個人興趣愛好什麼的，下課下班再說就好**。

不喜歡的事情也能做得很好，是我們的優點，也是我們的缺點。就像我的朋友們，無論在哪個產業都能獨當一面，即使不是第一名，好歹也身處前段班。只是如果回頭問「自己到底想要什麼？」許多人也答不出來，因爲從來沒時間、也沒必要去思索。

從總體面來看，在產業、就業市場看好的時代，這個問題答不出來也不會怎樣，因爲只要努力就可以打下一片天，賺到的錢讓你足夠中年以後再慢慢思考人生。但在經濟疲軟、退休也沒保障的現在，提早思考人生的方向也很自然。

想做自己，並非不用付出代價

人說**最棒的工作，是做自己喜歡、擅長、而且為社會價值所看重的事，這三個圈圈的交集，是你可以每天跳著舞步去享受上班的環境**。但不是每個人都有幸能符合三個條件，許多工作者是在三選二的取捨裡掙扎。

我那些三十五歲卡關的朋友，大部分是做著被社會看重，自己也擅長的工作，所以社會地位高，也賺到比一般人更好的薪水，缺點是夜深人靜時會覺得燃燒殆盡、不知道自己是否眞的想要這種生活。而我這種在職場邊緣，靠打游擊求生存的不自由撰稿人，只是選了自己喜歡又擅長的工作，但不那麼符合主流價值，因此賺不了大錢，只是我很有熱情繼續做下去（另外，應該不會有人選擇去做自己不擅長的事啦，太容易失敗了）。

教科書告訴我們怎麼當第一名，但從來沒教我們怎麼做自己，很多時候選擇做自己也沒那麼美好，需要付出的代價不少。

當第一名的困境是，得用點手段讓自己愛上工作，或者想個不愛也能做下去的法子；而做自己的難關在於，要忍受別人的嗤之以鼻，同時設法改變世界，讓大家覺得你在做的事情很有價值——相信自己可以改變世界的大概是瘋子，準備好被社會遺棄比較實際，或者你需要兩者兼具，把一切交給運氣。

10

想當人生勝利組，只會變成無聊的大人

如果人生是一場旅行，追求勝利者面對未來的方法，就像完全按照旅遊書規畫的觀光客。忘記父母師長大老給你的「理想成功模型」吧，靠自己的野性，找機會生存下去，當你愈想當人生勝利組，就愈覺得桎梏束縛，最後變成無聊的大人。

「面對未來，青年需要什麼能力？」這個問題許多人都在問，我們常在商業雜誌、臉書轉貼連結上看到這類文章。某些成功者會站出來，以自己過去的經驗爲年輕一代提出建議，也有報導會直接調查青年的想法，做大樣本的民調統計。

不論哪種形式的報導，歸納出「青年需要的能力」卻好像沒有太大差別，成功者會告訴你，要有毅力、要努力、要有熱情、要有恆心等等；就連青年自己也會說出要獨立思考、要社會關懷、要有國際觀，才能在愈來愈嚴苛的競爭中勝出……每次我看到這些報導，都留下一種奇怪的感覺，並不是說這些答案有錯（誰也不能否認毅力、熱情、獨立思考的重要性），只是覺得太蒼白、平板，沒什麼生命感。

仔細思考之後，我才發現「面對未來，青年需要什麼能力？」這個問題，背後隱藏著更大的問題。

需要什麼能力，得看你想的未來是什麼

疑點之一，為什麼我們總是問「青年」需要的能力？卻從來不問「壯年與老年」面對未來需要什麼能力，彷彿他們已經沒有未來，或他們都很清楚如何面對未來似的。

疑點之二，需要什麼能力，得看你想變成怎樣的未來。但過去這些報導，多半是從「你未來要成為人生勝利組」的角度出發，也難怪歸納出的能

力大同小異了。

仔細端詳「人生勝利組」這個概念，會發現它意外的貧瘠（這裡不是評斷勝利組的人，而是探討想成爲勝利組的思維）：首先取得好學歷、進一家好公司、拿到好職稱、有好年薪、找到好的另一半，這些事要在三十多歲前完成，然後……然後就沒了，之後的人生應該會像童話故事，從此過著幸福快樂的生活。

如果人生是一場旅行，人生勝利組面對未來的方法，就像完全按照旅遊書規畫的觀光客——**隱含一個已知的未來，讓我們以為自己非常清楚要往哪裡去，而以前的人之所以成功，是因為他們方向明確、早就知道自己要去那裡。**

但請讓我們考慮另一種旅遊方式：理性的漫遊者——**他並不清楚自己要去哪裡，只有個模糊的概念，等真正走到美麗的地方才知道過去每一步的意義在哪裡。**他不是計畫的奴隸，由自己的嗅覺來指引方向，隨時根據旅途中得到的資訊修改行程，每一步都要做決定。

追求勝利組的觀光客，假設人的眼光是完整的，因此陷入難以修改的計畫中；漫遊者不斷在旅途中吸收新事物，容許自己浪費時間、發揮好奇心、走進不起眼的地方，遇到死巷子也沒關係，繞出來就好，不必因爲走錯路就覺得很失敗，讓自己保持在隨時可以冒險、總是有另外一個選擇的狀態。

丟掉勝利組攻略，用自己的感官找出路

「面對未來需要的能力」這問題，其實很可能要**反過來想：面對未來，青年最不需要的是什麼能力**？最重要的，如果未來是未知的，那我們根本不應該把它當成已知，覺得只要按照父母師長、前輩大老給你的「人生之旅完全攻略」就能走向勝利組的目標。既然未來是未知的，那我們應該找回一些動物的「生存野性」，在迷惘裡自己找出路吧！

並不是說前人的經驗不重要，只是想生存下去，你需要的不是一份完美人生規畫圖（也不可能有），而是在旅途中願意嘗試錯誤的決心，以及有能力認出有利的結果、能分辨該捨棄什麼的判斷力。讓自己每遭遇一次失敗，都能獲得新的養分，因此每到了下一個地點，都比上個地點有價值。

始終有人說，台灣當年滿街都是機會，每個人都想闖出一片天，爲何現在社會失去過往的衝勁？或許不是現代青年不想成功，反而正是因爲太想成

功，所以陷入人生勝利組的迷思，只能努力考上台清交、進竹科上班、買房結婚，否則就被認爲很失敗。

然而，當我們**擁有太理想的成功模型，忘記怎麼靠自己的野性找機會生存下去，愈是想當人生勝利組，就愈是覺得桎梏束縛，最後變成無聊的大人。**

記得，無聊的大人永遠不會被問「如何面對未來？」因爲他們沒有未來。

11

寧願投資股票房產，也不願投資自己？

為什麼大家有閒錢時，會去買股票基金房產，卻從來不想投資自己的專業和興趣呢？增加專長穩賺不賠，投資風險可是有賺有賠耶！從小我們學的是「勞力不會致富，錢滾錢才賺得快」，但那些付出努力、花費精力、流汗動手完成的事物，是否真比不上錢滾錢的價值？

每次看到便利商店的雜誌架，都讓我覺得台灣人一定很愛兩件事：學英文和投資理財。外國人如果看到架上各式各樣的語言學習與理財刊物，大概會覺得台灣不愧是競爭力之島吧！

我還沒遇過聊天時講自己怎麼學英文講到很high的朋友，不過聚會時講到投資理財的話題，倒是每個人都想聽。從無痛投資的雪球股啦、22K也能靠理財讓資產倍增啦、小資女買房傳說啦……任何讓荷包充滿希望的方法一出現，我們都躍躍欲試。

有次吃飯時朋友對我說，他對理財沒研究，身上有兩百萬存款不知該怎麼辦（原來錢多真的會讓人煩惱，可惡），問我有沒有什麼投資建議。我回答說自己雖然念經濟系，但畢業就把功課還給老師了，對投資也沒在關切。幫不上朋友又對不起老師，雙重無力感瞬間襲來，然而卻讓我想到一個有趣的點：

當我們有一筆閒錢的時候，**為什麼大家都想拿去買股票、基金、房地產，卻從來不想投資自己的專業和興趣呢**？畢竟增加專長穩賺不賠，投資風險可是「有賺有賠」的耶！

投資操作有賺有賠，投資自己穩賺不賠

從小我們學的都是「單靠勞力不會致富，用錢滾錢才賺得快」、「領薪

水頂多衣食無虞，會投資才能創造財富」、「你不理財財不理你」之類的事，不會理財是我們胸口永遠的痛。銀行戶頭有了一點錢之後，大家都會勸你好好投資，定存、儲蓄險也好，股票、基金都不錯，如果有個幾百萬買了房子，爸媽肯定超安心！覺得你是好孩子，說不定還幫你一起繳房貸哩。

可是爲什麼我們很少「定期定額」投資自己的專長或興趣呢？

如果你喜歡攝影，會不會花錢去上課或參加外拍團，買書買攝影集來看，一放假就出去練拍照，拍了幾十萬張之後終於成爲攝影師呢？會不會買下正版的Photoshop軟體，去上課學習怎麼操作，學會修圖和設計，讓自己的照片更好看呢？

如果你喜歡騎單車，會不會也「定期定額」投資自己運動的時間，參加車隊騎遍台灣的祕境呢？如果你喜歡看書，不要說兩百萬，二十萬就夠買六百多本書，鎖定幾個主題花兩、三年讀完，絕對可說自己是專家了。

無論學裁縫、學料理、學修理家電、學種菜、學潛水、跑遍各國音樂祭、上個編劇課……說眞的，如果我朋友願意把兩百萬花在他的興趣上，怎樣都能變成那領域的達人吧！老是說生活圈太小，每天只有上班下班、無法認識新朋友，投資自己不就是最好的機會嗎？

可是我沒錢、沒閒、又沒時間？

當然你會說，這些事情只不過是休閒娛樂，我也沒想要變成專家，不用那麼認眞吧。那麼，考慮一下跟工作專業相關的投資如何呢？

把總是要外包給別人的電腦軟體學會，自己也能得心應手以後，對升遷加薪都滿有利的不是嗎。別的主管不懂會計和財報，我當上主管之後就好好學會吧，無論買書來讀還是上課去學都可以。當業務員也可以研究心理學，做行銷企畫也可以研究傳播理論，說不定花錢買ＤＶＤ，把業務或行銷的經典電影看完一輪，都對工作幫助很大呢！

和工作有關的專長也是有各式各樣的學習機會，可是你說，上班很忙沒時間，工作好累下班只想在家滾，還有女朋友要顧還有小孩要養，誰有那種美國時間投資自己呀？

更何況這些自我投資，可能報酬率不太高，也可能收到回報的期間太長，成本效益不划算，還不如投資理財，用錢滾錢比付出勞力賺的更多更快。等有錢之後就不用忙於工作，到時候再來認眞學個興趣也可以吧？

這話太有道理了，我自己眞的也不是什麼勤勞的人，一樣苦於工時又長又久，還不好好學會理財，難怪一直在苦哈哈的老鼠賽跑裡打轉。

流汗用力，才算得上「工作」

跟朋友聊到最後，我終於知道，以前吃飯閒聊罵台灣企業不愛研發創新，罵科技業老闆不好好投資本業，都把錢拿去炒房炒地，還害我買不起房子，其實我自己的嘴臉根本一樣。

我有把賺來的錢拿去增進我的工作專業、精進休閒生活嗎？沒有，我上班賺到錢一樣是買股買房，跟那些被我罵的大老闆只差在金額數量，等我當上大老闆，大概也會「現在業務都這麼忙，哪有時間投資創新啊？」「等我炒地產賺到錢，有閒情逸致再來搞研發吧！」

終於我知道了，《21世紀資本論》說：「當資本報酬率（r）大於經濟成長率（g）時，資本就會更集中在資本雄厚的富人手中。」也就是當「錢滾錢」賺得比「勞動」更快更多，只會讓社會變得貧富不均、階級流動消失。我嘴巴上說資本主義的邪惡，罵財團罵富二代靠爸族，心裡卻很誠實的準備「跟一波炒房撈一票」，其實不過是促進貧富不均的推手之一。

文章寫到這邊，感覺會被所有當理專的同學狂罵一頓。當然我不是說投資理財都很邪惡，只是**更想探究我們怎麼看待自己的工作——那些付出努力、花費精力、流汗動手完成的事物，是否真的比不上錢滾錢的價値**？

如果比起買股買房，我更願意投資在自己的工作專業和休閒生活；比起億萬鉅富，我更推崇精進能力與技術的職人工匠，也更想成爲某種技術的職人工匠；比起金錢遊戲，我更願意流汗工作的話，這大概是小小的個人，能對「萬惡資本主義」做出最有力的反撲吧。

12

機會不是給準備好的人，是給有時間、有勇氣的人

努力與準備並非不重要，只是已成為基本常識，不需老調重彈。這裡大膽説一句：「機會是給有空去做、有勇氣嘗試的人」，假如你連今天的事都忙不過來，哪能抓住什麼新機會呢；我們永遠無法在事前確定自己準備好了沒，卻可以用勇氣跨出嘗試的第一步。

「機會是給準備好的人」這句話大家都耳熟能詳，也是從小到大用來督促自己要努力用功、不可懈怠的精神指標。我們都希望機會來敲門的時候，自己可以順利搭上那班車，也常有人警告我們，別抱怨

機會不來，要反觀自己平時有沒有累積足夠的能力。

無論商場上的企業家、球場上的頂尖選手，或是舞台上的實力派巨星，每個人背後都有「台上一分鐘，台下十年功」式的努力故事，閱讀這些經驗談，總讓我們深刻反省現在不夠成功的自己，一定是準備不夠充分的緣故。

不過如果仔細想想這句話，就會發現它很有可疑之處，比如你要如何知道自己已經「準備好了」？

人不可能知道「自己何時才算準備好」

所有成功故事都是「事後回想果然是這樣，但在當時誰都沒把握」，所謂的「準備好了」，是要到你「成功」之後才能確定的，那是事後分析的結果，而非事前所能預知的。現實世界可不像學校考試，有固定的出題範圍，只要讀完就能考一百分；無論商場還是人生，不可預測的變數太多，當機會來臨時，沒人能確定自己百分之百準備完成。

我們都很熟悉蘋果創辦人賈伯斯（Steve Jobs）的故事，他在矽谷長大、有創業精神、大學時就決定休學、旁聽過一門字型設計的課程、結交了天才工程師的好友，最後創造出世界第一台能寫出美麗的字體的Mac電腦，直到今天的出版界都廣泛運用。

我們當然可以說，賈伯斯的成功並非偶然，在他創業之前已經累積了許多「準備」，但賈伯斯自己在史丹佛大學二〇〇五年的畢業演說時提到：

「在當時看來，我學到的這些東西，對我的未來真的是一點幫助都沒有。但是十年後，當我們設計第一台蘋果麥金塔電腦的時候，這些東西完全派上了用場。」

「現在回頭看，休學是我一生中做過最好的決定之一，但當下的我是非常恐慌和不安的！」

搖滾樂團披頭四（Beatles）的成功故事，也經常被用來當成「累積準備終於成功」的例子。他們在出道初期，必須每周七天、每天八小時在不同的地方走唱賺錢，在他們登上美國的舞台前，已經擁有七年的扎實表演經驗，累積了一萬小時的努力，是他們成功的關鍵。

我們當然不能說這樣的敘述有錯，如果沒有努力累積，當然很難成功，可是弔詭的地方在於，不論你**再怎麼辛勤準備，永遠也不會確定自己「已經準備好」，所有成功都是後見之明，如果可以預期，世上還會有失敗者嗎？**

多半時候你有能力，只是沒空沒勇氣

不是說「努力與準備」不重要，而是它們已經是基本常識，不需要老調重彈。我想大膽說一句，比起「機會是給準備好的人」，更多時候應該說「機會是給有空閒投入、有勇氣嘗試的人」。

在台灣的你和我，上班大多忙得要死，晚上常常要加班繼續做，一到假日只想癱在家休息。假設有人對你提起一個新奇的點子，你有空做做看嗎？假設公司開啟一個新任務，你會有多餘的心力自告奮勇承接下來嗎？面對「機會」，大部分的人不是沒能力應付，而是沒時間去做，假如你連今天的事情都忙不過來，哪還有空閒去抓住什麼新機會呢？

此外，時常我們遇到未知的挑戰，也不是欠缺專業能力，只是沒有勇氣去嘗試而已。**當安穩的薪水放在眼前，那些成功率難以預料的「機會」，時常被我們主動放棄掉。與其說是自己準備不足、來不及追上巴士，還不如說是巴士常常都在靠站，只是我們決定不搭。**

比起重複「機會是給準備好的人」這種陳腔濫調，我會更想說，若想抓住不同的機會，我們應該好好安排時間，讓自己保有抓住機會的空間和餘裕；此外，多點勇氣去相信自己累積的一切吧，因爲誰都不會知道自己準備好了沒，但你永遠可以跨出嘗試的第一步。

13

獎勵考高分，懲罰有個性的社會

你花費心力找尋自己的興趣、挖掘自己的特色，得到的掌聲遠遠小於念書準備考試。社會獎勵你埋葬考試以外的才能，鼓勵你花時間在升學升職的制度裡耗損，不知道有多少分數以外的天賦為此不堪折磨。

活在台灣，會考試的人真的很吃香。從家庭、學校到職場，考試能力可以讓你領到一張快速通關的VIP卡，在成長過程尊爵不凡。

舉例來說，從小成績最好的兄弟姊妹，很可能最受父母疼愛；在校園裡，名列前茅的同學總是風雲人物；學歷高的人畢業後有求職優勢；更別提考上律師、會計師或國家考試，就好像成爲人生勝利組一般。

雖然大家都知道，考試做爲一種技能，和念書是兩回事，書念得好的人不見得會考試，擅長考試的人不一定有把書念通、念懂。但考試就是被拿來當做「高知識份子」的指標，可以讓你用這個假象在社會上騙吃騙喝（至少一陣子）。只是，**我們愈給「考試高分」這個能力過度的評價，也就讓其他的天賦才能受到冤屈，等於剝奪了別人的光環戴在自己頭上。**

乖乖念書考試，得到的光環太大

小時候我總以爲考試就是一切，長大才發現分數之外還有更大的世界。身爲一個倍受考試折磨，又死皮賴臉在這個制度裡掙扎的人，最羨慕的是那些從小就認清自己不愛念書，專心去發展興趣的人，比如從小就喜歡畫畫，很有美感與空間感的人，後來成了設計師，一定會比那些「因爲考試分數剛好進設計學院」的人，厲害好幾倍。

奇怪的是，這些不愛念書卻有一身才華的人，常常會說：「啊我書念得不高……」「啊我就是不愛念書……」彷彿這是什麼應該自卑的事情。其實我才後悔自己因爲不知道人生要幹嘛，只好乖乖念書，多羨慕他們的專長啊，但什麼都不會的我只要繼續念書，能獲得的支持或資源往往比他們還多。

還有另一些朋友，是在求學階段面臨考試的挫折，才開始思考用分數以外的世界贏得掌聲，這些朋友的故事也很有趣，他們會說：「我發現自己怎麼努力讀都考不贏別人，沒辦法，只好想想怎麼跟別人不一樣，找出個人特色嘛！」因爲有了這種覺悟，他們後來跑去拍電影、玩音樂，人生多采多姿，和他們聊天總像是認識一個新世界。

不過，他們卻時常得不到家人的諒解，長輩會質疑，你明明可以念書幹嘛不念，爲什麼跑去當電影製片？（ps.在長輩心裡，就連李安、侯孝賢都不是在做正經的工作）你考試也沒有很差，去玩音樂有什麼前途？

最後最後，或者可以考慮這樣的人生：**只要遵循著社會價值，乖乖念書、乖乖考試，永遠不用想自己要幹嘛，什麼人生的目的、生命的追求，沒有也沒關係，只要考上公務員、老師、會計師或出國念書，就算對工作沒有熱情，竟然也可以得到社會的鼓勵、大家的掌聲。**（這裡只是舉例，當然不是說當公務員、會計師、老師就不好，如果你立志要當會計師，對教學有無比熱忱，那簡直是太好了。）

懲罰有個性的社會，怎麼會有創意？

如果我說台灣是個「獎勵考高分，懲罰有個性」的社會，你大概很難反駁。一個小學生的聯絡簿被老師寫上「這個孩子很有個性」，父母看到很可能憂喜參半；我也從沒看過誰會在求職履歷表上，形容自己很有個性的。

你**花費心力找尋自己的興趣、挖掘自己的特色，得到的掌聲遠遠小於念書準備考試。如果想採取「我如何跟別人不一樣？」的差異化策略，要付出的代價遠比「跟別人一起在既有制度裡努力」的勤奮策略高出太多。**

社會獎勵你埋葬考試以外的才能，鼓勵你花時間在升學升職的制度裡耗損，不知道有多少分數以外天賦爲此不堪折磨。都說台灣要從代工模式轉往創意經濟，但只要會考試就可以輕鬆贏得光環，有個性卻要付出太大代價的社會，哪可能有什麼創意可言。

14

「放棄百萬年薪去種田」沒告訴你的事

我們敬佩那些放棄高薪去追求夢想的人，但如果只是喜歡種田，對農作物有感情的農人，我們卻不會產生同樣和敬佩。就像班上考試成績最好的同學跑去畫畫，大家都覺得他真是才藝雙全，但是很會畫畫也喜歡畫畫，只是成績不好的同學，並不會被大家肯定。

談到職涯選擇，有一種新聞很引人注意：「科技新貴放棄百萬年薪，回鄉當小農」或是「七年級生勇敢捨棄外商工作，創業開咖啡店」，類似這種「優秀工作者把成就放在一邊，去追求自己願望」的故事，我跟大家一樣，每次看到都心生羨慕，覺得這個人好厲害！

然而仔細想想，爲什麼非得放棄百萬年薪去種田，大家才認爲他很厲害，難道直接去種田的人就不厲害嗎？你會不會覺得這背後的邏輯很奇怪？

看待成功的標準，太過單一價值

「『放棄』百萬年薪回鄉當小農」會成爲新聞話題，隱含的假設是：百萬年薪比起小農是更好的選擇；同樣的道理，在社會普遍的價值觀之中，在外商公司當主管也比自己創業開個小店更有成就——否則也不需要「勇敢捨棄」了。

正因爲我們心裡都存在以上的想法，才會敬佩那些「放棄客觀成就，追尋主觀夢想」的人，另一方面，還很羨慕他們已經賺到足夠的錢去圓夢，而我自己還在努力賺錢，薪資或職位都比不上他們。

可是，對於那些無法在職場中成爲百萬年薪、外商主管的勝利組，只是一開始就喜歡種田，對農作物有感情的農人，我們卻不會產生同樣的羨慕和敬佩。這種感覺，就像班上考試成績最好的同學跑去畫畫，大家都覺得他眞是功課與才藝雙全；但反過來，很會畫畫只是成績不好的同學，並不會被大家肯定。

這個社會，好像你非得先證明自己在主流價值能獲得成功，才能去做你眞的熱愛的事。當我說：「我放棄幾百萬年薪，去圓夢開民宿」的時候，所有人都覺得我很厲害。可是當我說：「我在鄉下地方開民宿，雖然賺不了什麼錢、維持生存也很勉強，但我眞的做得很投入又愉快」的時候，大家只會覺得我很辛苦。

銀行帳戶裡的薪水、名片上的公司和頭銜、最能賺錢和最國際化的產業……仔細想想，我們對於「成功」的界定非常單一，狹小得有些可怕。**「對，我不會念書，賺不了大錢，我進不了大公司，也沒有管理幾千幾百個員工，在全球化競爭之下我只是渺小的一粒沙，但我在做我喜歡而且擅長的事。我很快樂，我也覺得自己很厲害。」**在我們能驕傲地說出這句話之前，台灣還稱不上什麼多元社會。

失敗也無妨的社會，才是眞正多元

另一個奇怪的地方是，我們對於「勇敢捨棄陪家人的時間、去追求百萬年薪」、「放棄健康的作息，每天工作十二小時當上高階主管」的行動，不但習以爲常，還是整個社會都在鼓勵的方向，想想實在很諷刺。

逢年過節我們都被長輩提點，家人才是最好的避風港，健康才是最大的資產（健康是一財富是零，沒有前面的一，後面再多零都是空談……等等）但是你一定要努力離家辛勤工作，比起健康更在乎事業，才是成功該有的樣子。

就像你得先拿到百萬年薪，回鄉種田才是新聞；你也要先「成功」，才有人會來請教你維繫家庭生活和養生的祕訣。即使你身體健康、家庭融洽，但只要事業不有成，就不會贏得尊敬的眼光。

我真心期待有一天「放棄夢想去爭取百萬年薪」才會成為新聞，學畫畫的孩子不用被要求考試一百分，愛煮菜不愛讀書的也是好孩子，不會賺錢但可以把水果種得很好吃的人能上雜誌封面，不用高談他的果園營業額多高獲利多少，而是講他如何在果樹間享受人生。

一個承認自己「失敗」也不會怎麼樣的社會，也許每個人都是成功者。

15

少說don’t mind，多用good try

隊友失誤的時候，你會對他說什麼？當我們開口說don’t mind，就是因為心裡已經「mind」了，很在意犯錯，久而久之，讓隊友失去嘗試的勇氣，而good try可以讓人忘記失敗，充滿勇氣，願意再次挑戰。

曾經有個出國留學的朋友對我說，他到美國念書，最大的感觸不是在學校課堂裡，而是在籃球場上發生的故事。

一個鼓勵失敗，一個避免失敗

朋友是個身材瘦弱的亞洲男

孩，在普遍體能勁爆的美國籃球場上，若想切入上籃，十之八九會被敵隊球員蓋火鍋，有些人因此乾脆只投外線，不往籃下自討苦吃。不過每當他逮到機會切入，就算慘遭蓋鍋，隊友也很少笑他不自量力，反而會舉起手對他說：「good try!」想不到你這小矮個也有嘗試的勇氣，不錯嘛！有時僥倖讓他切入進球，連敵隊球員也會給他個小歡呼。

而在台灣球場跟人報隊三打三鬥牛，如果上籃被蓋火鍋，隊友常會說：「don't mind！」要你別介意，只要下次不再犯同樣的錯就好。

「但我們說don't mind，其實就是心裡『mind』了嘛！很在意犯錯。」朋友說他打球的時候，隊友愈強調「欸，你別在意！」他就愈覺得隊友一定很在意，久而久之乾脆用最保險的方式打球，失去嘗試的勇氣。

籃球場的事讓他體會到，西方與東方對失敗的看法有很大差異，一個願意鼓勵失敗，一個盡量避免失敗。當然，這只是朋友個人發生的例子，不可能國外每個球場都如此友善，也許只是他運氣好，碰上好隊友；而台灣球友也未必真的那麼在意你失誤，一定也有開心打球的場合。

不過一碼歸一碼，這故事讓我印象最深刻的是，「good try」與「don't mind」就像兩句咒語，面對同樣的人（我朋友）、同樣的場合（打籃球），聽到前一句讓人充滿勇氣，樂意挑戰；聽到後一句卻讓人心存芥蒂，腦子不斷重播犯錯的畫面，這是確實發生的。

我認爲，不管在球場、職場或人生的選擇上，我們應該要少說don't mind，多用good try。

勇敢取捨，克服困難，過程就是最大收穫

在商業世界裡，美國是全世界最大的創新來源，很多人認爲那是美國教育水準高，培養了許多研發人才的緣故。然而《反脆弱》的作者塔雷伯（Nassim Nicholas Taleb）卻說，美國最大的資產不是那些大學名校，而是社會風氣願意鼓勵你冒險：「美國有驚人的能力，能以理性的形式嘗試、犯下錯誤，不必因爲失敗、從頭再來、又再度失敗而感到羞愧。」

在矽谷有句名言：創業失敗是一種勳章，代表你勇於嘗試與學習。對創投公司來說，有失敗經驗的創業家反而加分，因爲你挑戰過、你失敗過，應該會更接近成功。在東方文化裡，失敗卻像一種恥辱或是缺點，想要遮掩不欲人知。但如果我們連一時的失敗都無法接受，每個人只好盡所能的把風險

隱藏起來，不願嘗試與挑戰，反而失去更多機會。

老實說，害怕犯錯只有在考場裡是優點。畢竟考試只要不犯錯就能拿滿分，不犯錯的學生乖巧安穩，受師長喜歡。但學校或考試，都只是溫室裡的實驗品罷了，畢業後的工作或人生，不可能再出現有標準答案的題目。

真實社會裡，我們通常要面對各種利害衝突的選擇，不會有「這樣做全對、那樣做全錯」的選項，而是做了這個得罪那個；去做那個又得罪了這個，可是什麼都不做就無法改變現狀。這時候需要勇敢取捨的決斷力，以及願意承受失敗的心理準備。

所以說，多用「good try」鼓勵自己吧！當你決定去做，就設法克服困難，爭取好的結果，無論最後成功還是失敗，這段過程都會是重要的收穫。

16

敢大方認輸，才是職場真強者

大家公認的厲害角色，為什麼可以輕鬆承認自己某些地方做得很爛？想了很久才發現，一定是他們確實了解自己的專長在哪裡，把時間精力都專注在擅長的事情，直到能贏過大多數的人，才會變成那麼厲害的人物。

身為獨立接案的工作者，闖蕩幾年之後，我終於有機會和業界傳說的高手共事。跟厲害的人一起工作其實很刺激，拿開會當例子吧，每次聽他們好像在閒聊瞎扯，但講出來的點子都精采萬分，兼顧創意與執行力，害我老是「痛並快樂著」。快樂的是有機會做出很棒的內容，痛的是要回神鞭策自己跟上腳步，不要說出什麼離譜的話讓人覺得很遜，否則別人以後不想跟我合作怎麼辦！

有次我在一個禮拜內和兩個高手開會，一位是不到三十歲的新銳作家，另一位是四十好幾的頂尖編輯，雖然談的案子天差地別，他們也屬於不同世代的人，卻說出很相似的話：

「這個我超爛的，可是某件事我做得不錯。」

「那個我不行啦，你們應該去找某人，他做得比我好多了。」

聽到這兩句話的時候我覺得很震撼，他們是業界公認的厲害高手，爲什麼敢大方承認自己這些地方做得不好？

我想了兩三天才發現，一定是他們確實了解自己的專長在哪裡，才能輕鬆說出這些話。而他們也把時間精力都專注在擅長的事情，才會變成那麼厲害的人物。

因爲了解自己的長處，其他領域才敢輕鬆認輸

回想我自己的接案人生，每次被問到「某個任務你行不行？」的時候，

我很少說不行。一方面是怕說「不」之後，能接的案子變少；一方面也有「這件事我沒做過，想試試看」的心情。然而說穿了，最大的恐懼是「怕輸」，覺得自己不能比別人差！

我不敢大方說出「其實寫這方面的文章我不在行，推薦你們可以找某某人，他比我厲害。」可能是從小生存在升學競爭的環境，骨子裡還有優等生心態，對於要承認自己的缺點、還拱手把機會讓給別人，覺得很羞恥。但這種優等生每科都想考一百分的心態，其實很容易導致每個項目都很平庸。

職場不像考試，考試最高就是一百分，但職場的專業可是沒上限的。**我這種不敢認輸的優等生心態，努力想把每個技能都拚到一百分，好像總分五百很厲害，結果跟真正的高手一起工作，才發現人家某種專業就高達爆表的五百分，所以其他科目六、七十分也不在乎**——畢竟如果你想找人合作，會找一百分的，還是五百分的強者？

眞正的強者知道自己的「五百分」在哪裡，不但大方承認自己的缺點，也知道要到哪裡找其他的「五百分」高手來合作，彌補自己六、七十分的不足。所以他們會告訴你「這個我不行，你應該去找某人！」用自己的專業加別人的專業，一起完成厲害的作品。而那些喜歡說自己什麼都行的人，卻大多是三腳貓、半杯水，共事過幾次就可以看穿。

說自己什麼都會的人，通常只有半杯水

當然，沒有人天生就知道自己擅長什麼，我想強者都經過一系列找尋自我的過程，才能在某些領域極度有自信，而在其他領域輕鬆認輸。

被高手震撼之後我開始思考，未來要怎麼對別人說：「那些事情我都不行，但某件事我真的做得不錯！」努力在特定的領域累積成果，設法讓別人認同，而且還要努力認識那些可以把「我不行」的事情做得很好的人，未來有機會合作。

工作做得好不好，跟我們了不了解自己非常有關。與其一天到晚跟流行，一下進修這個、一下學習那個，老是想增加自己會的東西，樣樣通樣樣鬆，不如找時間好好沉澱下來，看清自己的專長與缺點，試著把長處鍛鍊到無敵，並且找出能互補缺點的人當戰友，也是一種自我提升的好方法。

PART 3

用創意
思考職場

Creative thinking of career.

01

上班偷懶之必要：效率愈高愈沒時間做事

提升工作效率，卻一直被加工作，事情永遠沒有做完的一天；原本完美安排的工作規畫，卻計畫趕不上變化。為了解決工作的兩大詛咒，我們應該放棄「把行程表填滿」式的時間管理思維，而要想盡辦法空出無所事事的時間，並且死命維護這些悠閒的時光。

對工作者來說，時間管理是胸口永遠的痛。世上沒有不忙的上班族，我們每天都覺得時間不夠用，巴不得一天能當兩天用。四十年前台灣人打招呼是問對方：「吃飽沒？」然而現代的上進青年才沒空管你有沒有吃飽，就算是吃飯時間，見面第一句還是要問對方：「最近在忙什麼？」

我上次試著搞笑問別人：「最近在閒什麼？」結果只得到好大的一個白眼，從此再也不敢輕視任何人的忙碌程度。明明金城武在電信廣告裡聽黑膠、泡茶、寫書法，告訴我們「世界愈快，心，則慢」（你看那逗點用得多浪漫）。但如果金城武當了老闆，大概也只會在後面鞭策你：「世界愈快，你要做得更快！」

我曾經讀過《早上三小時完成一天工作》、《打敗笨懶慢》、《戒掉你的加班病》、《槓桿時間術》等等不下二十本時間管理的書，希望看完之後能像蔣友柏那樣每天兩點下班回家。但實際歸納整理、運用書裡的技巧之後，卻有一個重大發現：「我的工作效率真的提高了，但事情卻還是做不完！」這到底是爲什麼？

你做事又快又好，當然給你更多事做

理論上，工作效率提升了，當然可以把時間省下來，讓我們上班更有餘裕，但實際卻不是這麼回事。辦公室裡，做事最快的傢伙總是最倒楣，因為老闆分配工作不會在意平均程度，而是很常看到誰有空，就把任務加在他頭上：「臨時有件小事要處理，大家都很忙，你動作快，幫個忙！」因此出現一個弔詭現象，愈是努力提升工作效率的人，愈是會有新的需求找上他，讓他沒辦法騰出時間來。

面對這種窘境，我們也只能用蜘蛛人的名言：「能力愈強，責任愈大」來安慰自己。這種**「做得愈快愈好，只會讓事情愈做愈多，永遠沒有做完的一天」的現象——姑且稱為蜘蛛人定律**好了——不但是組織裡常見的反激勵現象，也是時間管理者的最大罩門。

當然有人會說「你可以搖頭拒絕這種事啊！」但人在職場上，不得不點頭，誰不想升官加薪呢，為了拿出好表現，誰會主動拒絕老闆的要求與期盼？更何況眼看周遭的同事各個也都忙不過來，既然自己還有一點時間，就，支援一下吧……想不到「暫時的支援」很快變成「長期的責任、定期要檢討」，一旦猴子爬上你的背，怎可能輕易滑下來啊？

時間管理愈精細，愈沒辦法抓住機會

「好不容易做出精美的工作規畫，臨時一個改變就害我全亂掉！」這是時間管理者的另一個困擾。常常老闆、客戶的一句話、同事的粗心失誤，都會讓事情變得比原本估計的還多還長，即使工作效率再高、時間分配再好，最後都毀在莫非定律的一句話。事情不會做完一件少一件，而是做完一件會衍生出另外三件，就像核分裂一樣把你的時間炸光光。

事情愈做愈多，或許還不是最可怕的！時間管理最大的風險在於，**一個完美安排、最有效率的工作規畫，可能會讓你失去更多機會和可能性——就稱之為「計畫趕不上變化」的詛咒**好了。

許多人對時間管理的想法，是在有限的時間裡、做盡可能多的事情（這樣才有效率），畢竟都說是時間「管理」，當然需要可預測、可控制的活動來完成，因此有人主張要行程表要精細到以15分鐘爲單位、也有人認爲零碎時間千萬別浪費，積小成大可以完成很多事。

可是當你把行程表都塡滿之後，怎麼應付突發狀況，或突然來臨的機會呢？職場可不是賭場，每個遊戲都能算出輸贏機率，哪來這麼完美可控制的狀況？有時坐在辦公室，三小時也寫不出一個企畫案，回家淋浴的片刻，卻劈哩啪啦有如神助全想透了。

別再填滿行程了，盡量創造悠閒好嗎？

爲了解決「蜘蛛人定律」和「計畫趕不上變化」的兩大詛咒，我們應該放棄「把行程表填滿」式的時間管理思維，**而要想盡辦法空出無所事事的時間，並且死命維護這些悠閒的時光**。

創造一段無論如何都不工作的「空白時間」，實務上並不會影響到工作進度。看那些結了婚生小孩的同事就知道，每天早早就得回家顧小孩，沒法加班，事情還是做得完。我也曾在某年報名日文課，每周兩天晚上上課，也沒有影響到工作進度。可是一旦你沒小孩、沒報名日文課，時間就很容易就被工作淹沒，因此才需要「死命維護」空白時光。

根據蜘蛛人定律，當你擁有多餘時間的時候，還得想辦法裝忙給老闆看才行。良心建議善用各種離開辦公室的藉口，創造各式不在場證明與需求，每周或每兩周打造一段「悠閒保障名額」的時間帶。雖然有點違反直覺，但閒聊、發呆、無所事事的空白時光，其實比你想像的更有效率。

雖然俗語說「機會是給準備好的人」，但大家都可以在工作經驗中發現，機會常常是留給「有時間去做」的人。已經準備好的人很多，只是他們都在忙、沒時間去做。如果你的行程表裡有滿滿的事要做，顧眼前都來不及了，哪有時間看長、看遠、看到機會，還眞的跳下去做呢？就算你沒準備好，有時間去做、先做再學也都還有得救。

拜託，就別再把行程表填滿了吧，**講到時間管理，或許我們需要的不是繼續加強工作效率，而是想辦法讓自己更沒效率，才有剩餘、備餘、多餘的空間和空閒，把事情好好完成。**

02

無聊放空之必要：無所事事幫大腦重開機

我們都很難抗拒「有事情忙」、「被任務需要」的感受，很難容忍「什麼都不做」的罪惡心理，但無所事事不必然跟浪費生命、不負責任連結在一起，它可以是一項寶貴的資源，跟創造力和解決問題有關，只要5%的無聊放空時間，就能幫助大腦重開機。

雖然老闆都很愛說：「word hard不如work smart!」但承認吧，大家都喜歡笨笨的勤奮者，討厭聰明的偷懶者。因爲愈忙也愈讓人放心，證明我們沒有平白浪費時間，台灣勞工最勤奮，我們討厭停下來、痛恨無所事事，相信只要時間管理做好，to-do list再長都能解決，就連放假也要有效率，運用「off學」自我成長。

因爲不想被人說偷懶，情願加班到半夜也不要自作聰明比別人早下班，24小時on call、365天全年無休的樣子，看起來崇高偉大，但眞的有生產力嗎？如果你覺得每天工作不是在get busy living，而是在get busy dying，無論上班或放假都耗盡精力，沒時間做事也沒時間休息，偶爾好想讓放空一下，這裡有超級正當的理由給你參考：

放空大腦，有助於解決問題

我們都很難抗拒「有事情忙」、「被任務需要」的感受，也很難容忍「什麼都不做」的罪惡心理，但有時應該換個角度想：無所事事不必然跟浪費生命、不負責任連結在一起，它可以是一項寶貴的資源，跟創造力和解決問題有關。

在「某個問題必須趕快想出來，等等還有很多事要處理」的狀態下，我們其實很難想到好點子，如果大腦持續思考特定範圍的東西，過度使用時，神經系統反而會被關住，想不出新東西（可參考腦科學的「大腦饜足現象」），這時候人們需要的是抽離問題情境，轉移注意力。出去散個步、看場電影，暫時「放空」反而對解決問題更有幫助。

心情無所事事，腦子並不會停止運轉，或許應該說，在大腦過熱反而才無法運轉。**無意識的狀態下，腦子還是會整合和連結資訊，在潛意識裡執行聯想和搜尋，這樣的狀態比較不受思考框架的限制，比專注解決問題的時候更有可能產生新點子。**創意就是在發現舊事物的新連結，找到新的思考方式。

這也是爲什麼人們常在走路、洗澡、和別人聊天的時候，突然靈光一現。阿基米德在泡澡時發現浮力原理，牛頓在散步時想到地心引力，我們蹲馬桶的時候似乎特別有創意（如果沒有在用手機滑FB），只恨爲何進廁所沒有帶筆。

工作如此，職涯或人生亦然。我們都曾經在異地旅遊時體驗新的刺激，做出改變人生的決定，放長假的同事回來訴說單車環島的心得，從此人生有不同的想法。處在永遠還有更多事要做的狀態裡，告訴自己再多做一件事就能放鬆，其實卻永遠不會有閒下來的時間。

5%的無聊，就夠讓你重開機

當然這不是要人每天都無所事事，但**撥出某個比例的時間「用來無聊」其實是有助益的，用這段空白的時間拒絕上班和上網，告別所有永無止境、做下去就沒完沒了的雜務**。時間管理，不該是把行程表不斷切割細分再塡滿，不間斷的忙碌時常只是讓人誤以爲自己很有生產力而已。

別再談滿載型的時間管理了，試著「空閒」管理吧！也許只要比過去多5%或7%的無所事事，把這段空白、斷線、恍神、飄走、什麼都不做的悠哉罪惡時光，當成一個未知計畫的序曲或開端，讓我們有機會去接觸不熟悉的事物、去考慮不曾想到的想法，對於解決問題、發展創意、思考人生都會有幫助。畢竟你還有95%的時間可以work hard，用5%的空白讓大腦重開機一下，不會太過份吧。

03

減法管理之必要：不除不快的三種「反激勵」因子

原本只是提議者，卻變成執行者，還要負擔責任；工作效率最高的人，卻一直被叫去救火，直到無法負荷；有同事勇於挑戰新任務，因為缺乏經驗、能力不足失敗了，卻因此遭到懲罰。這三種「反激勵」每天都在消磨工作者的意志，請盡快去除。

我們之中大部分的人，每天都在上班，但不是每個人都思考過，公司組織到底是什麼。所謂的組織（organization）應該要發揮每個人的力量，創造一加一大於二的效果，如果一家公司組織集合了十個人的能力，應該要發揮比十個人單打獨鬥還高的成效才對。

但在組織上班的每個人，都會碰告一些阻礙我們發揮能力，甚至努力做事反而被懲罰的情況，這種「反激勵」的現象幾乎每天都在上演。

反激勵情境1：原本只是提議者，卻變成執行者

某個專案碰到困難，需要集思廣益解決之道，老闆召集大家開會，大家也貢獻點子，但提出最好方案的那個同事，卻理所當然地被認爲是「要去完成任務」的人選。

「小劉，你的提議很不錯，這件事就交給你吧！下次開會回報進度喔。」

原本只是提議者卻變成執行者，熱心幫別人出主意、貢獻想法的同事，卻被大家以「既然你最熟悉這件事，就交給你去」的方法成為苦主，好像自己把猴子抓來背上一樣倒楣。這是辦公室最常見的反激勵情境。

不論原本懷抱多少熱情的工作者，只要經過一、兩次「教訓」之後，馬

上就學到「開會別多嘴」的祕技。因爲想不出辦法的人就不用做事，所以我當然也想不出辦法，只要等日後專案草草收場，再嘴砲「當初就應該怎樣怎樣做嘛！」顯示自己深謀遠慮即可。

如果老闆想迅速消磨員工的熱情，就多用這招吧。

反激勵情境2：
原本只是支援一下，卻變成例行事項

第二個反激勵情境，簡單說就是「能者多勞」——工作效率愈高、做事愈勤快的同事，不但沒得到獎賞，還要一直被增加工作量。

「小劉，對不起大家都很忙，現在你最有空，拜託支援一下。」

殊不知這個「支援一下」常常占用最多工作時間，打亂了原本規畫好的節奏，讓最有效率的工作者也亂成一片。更可怕的是，**原本的「支援一下」經常變成「一直支援下去」，莫名其妙成為常態性的工作，等他好不容易消化這項任務，終於有點餘裕的時刻，下一個「支援一下」又準備找上門來了。**

那些工作效率差的同事，卻笑笑地說：「你就當做能者多勞嘛！」

就這樣，工作效率最高的同事能量消耗殆盡的時候，終於學到「上班要裝忙」的奧義，如果能者的宿命是多勞，最後結局只能過勞，那我們都不是能者，最好假裝很忙，只需要顧好自己的責任範圍，無力支援其他部分。

反激勵情境3：勇敢挑戰新任務失敗，卻因此受懲罰

第三個常見的反激勵場景，是好不容易有同事**勇於挑戰新任務（或更困難的任務），因為缺乏經驗、能力不足失敗了，卻因此遭到懲罰。只要這種情況發生一、二次，無論老闆再怎麼解釋，都不會有人願意嘗試新做法**、也不會有人願意付出更多努力。

這三種反激勵的情境只要持續下去，公司就沒人願意出點子（沒有創新），沒人願意承擔範圍外的責任（無法補位），也沒人想挑戰高難度的新任務（沒有改變）。很快的，組織會愈來愈官僚，讓每個成員的能力一天比一天縮水，也就失去了成立「組織」的意義。

發揮創意，去除反激勵因子

能不能發揮一點想像力，解決這些反激勵的問題呢？開會提出好點子的人，有權限調度資源來完成這個點子；甚至當他選擇自己做，就能擺脫一件不想做的工作，指派給其他同事。這樣能不能激發大家先搶先贏、願意貢獻想法的心理呢？能否讓工作效率愈高、愈早下班的同事，反而能多放幾天假？在他幫別人救火完畢之後，也可以擺脫一項不想做的工作，或是選擇自己想做的工作，讓他更握有規畫工作的主導權呢？

願意挑戰困難的人，即使失敗也不會被懲罰，還能獲得下一次的挑戰的優先權，是否能讓工作變得更新鮮有趣？

上面的方法或許不見得管用，但請記得，改變我們無趣的工作需要一點創意，別懲罰願意嘗試解決問題的人，也別把解決問題當成是提議者個人的事情。

04

老闆放手之必要：瞎忙更少卻能完成更多

要讓每個人的工作更有動力與成就感，公司可能不是需要更多管理，而是「去管理、除管理、反管理」，設法讓員工和主管做更少事、開更少會、達成更少更精確的目標，才能把人們寶貴的時間與精力，花在真正重要的事情上。

不知道你有沒有聽過一個心理學名詞：雙重束縛（double bind），它指的是「一個人處在矛盾情境下，不管做什麼都不對」。這名詞最初是用來解釋精神分裂症的起因，但仔細思考之後，才驚覺我們遇到最多雙重束縛的時刻，竟是在上班場合！

雙重束縛的經典句型有哪些呢？比方老闆對你說：「你自己訂目標！想想如果這是你的公司，你會怎麼做？」「其實我不該告訴你怎麼做，但我建議……」「大膽去想像難以想像的事吧！」「沒關係，你不用特別做什麼，做你自己就好。」

這些矛盾兩難的要求，不但無法得到合理的答案，也很難詢問別人或與人討論，然而困惑、曲解或不服從這矛盾的要求，又會造成更嚴重的後果。於是我們挫折、焦慮、覺得荒謬，上班族最常爲這種事情抓狂，只有自我嘲諷和幽默是最好的解藥。

雙重束縛1：已經沒時間做事，卻得花更多時間開會

職場常見的「雙重束縛」之一：雖然事情已經永遠做不完，但為了完成許多事，我們首先要開更多會。我們在會議中討論誰比較有時間做，誰來負責調動其他人，確定聯繫的方法和需要的資源，卻剩下更少時間實際執行，

導致每件事都在趕，每件事都變得十萬火急，沒時間好好做完，卻有時間開很多會。

最誇張的會議是只有討論而無行動，甚至討論還會阻礙行動。比方一個專案原本由A同事負責，上級卻覺得不夠，於是將原本的A1計畫修改爲A2版本之後，要求跨部門的B與C同事必須提供建議。最後主管重新整合調度，刪去B的不合理與C的畫蛇添足部分，留下A2版並且修改了幾點（反而讓它更接近A1版），總算達到跨部門的共識……

如果這些會議都不要開，一開始就交由A同事去按照A1計畫去做，事情早就完成了，我們卻很習慣用開會來折磨A、B、C與主管，繞了一大圈等沒時間了，才草草完成這件事。

雙重束縛2：但老闆堅持要，做不到還是得做

職場常見的「雙重束縛」之二是：當老闆丟出它堅持要做的專案，即使大家都知道實際上做不到（又是一個雙重束縛），最終肯定還是會做。只是

這個案子即將遭到東拉西扯、左推右磨、上丟下拖、前拉後纏，直到大家都不太認識它的面目之後，才決定先實施計畫裡的某個小部分，無論有沒有完成，之後總算會有個初步成果可以交代，等待後續評估果然無法完成，漸漸就不再有人提起這件事……

然後，我們在加班過的深夜，看著寂寥的街燈吹著冷清的風，想著過去這段日子自己到底在忙什麼？好像很忙，卻什麼都沒完成——唉呀，這好像也是一種雙重束縛不是嗎？算了，再這樣計較下去會助長精神分裂，於是我們想出幽自己一默的方式：「公司付錢就是要我來受罪的嘛！哈哈。」

我們都曾經夢想完成一些令人熱血沸騰的專案，卻從某些時候起，認爲拿錢受折磨才是上班正常的模樣。

去管理、除管理、反管理，發揮員工的自主性

我們的工作只有少數亮點時刻，那些時刻我們發揮火災救援般的力量，所有人全神貫注、渴望釐清現狀、解決問題，我們丟開西裝領帶穿上舒服的衣服，有需要就隨時碰頭討論，每個夥伴投入不同的技能，彷彿爲了達成目

標什麼都能付出……但爲什麼這種時刻無法成爲常態呢？

要讓每個人的工作更有動力與成就感，公司不需要更多管控、更多表單、更多KPI，而是「去管理、除管理、反管理」，設法讓員工和主管做更少事、開更少會、達成更少更精確的目標，才能把人們寶貴的時間與精力，花在眞正重要的事情上。

心理學告訴我們，**人類的內在動機有三種：能為自己生命負責、引導到自己希望的方向的「自主性」；不希望工作只是無盡操勞，而是用愈來愈高深的技能克服困難的「精湛純熟」；還有除了自身利益之外，也能更有社會意義的「與外界連結」**。沒人上班是爲了遵循表單、受老闆控管、努力提高股東報酬率，我們工作是爲了展現自己的才能，結合他人的技能，製造出自己引以爲傲的產品和服務。

如果認眞追溯「爲什麼人要組成公司？」正是因爲一個人力量太小，要把衆人結合起來，發揮一加一大於二的效力、讓平凡人也能完成不平凡的事，才是「組織」的本意。所以，請減少組織裡的各種雙重束縛，削減繁瑣的例行事項、冗長的開會討論、無聊的部門政治，多用減法管理，把時間還給眞正需要完成的那些小事。

05

解讀薪資賽局：苦幹實幹的人，為何拿不到高薪？

老闆給員工一份「不滿意但勉強可接受」的薪水，對經營公司最有效率。身為受雇員工，加薪速度永遠追不上工作增加的程度，只有跳槽時基於資訊不對稱，才可能拿到滿意的薪水。這也是為什麼，公司裡最苦幹實幹不計較的，領的薪水往往沒有空降進來的同事多。

在理想的職場裡，我們都相信「努力必有回報」、「薪水低是你沒競爭力」，不過現實世界可沒那麼天真，你的努力跟回報常常不對等，薪水高低更可能和工作能力無關。舉例來說，身爲上班族的你，

是否常覺得自己對公司的貢獻遠高於所領的薪水？環顧四周同事，是不是也發現辦公室裡最苦幹實幹、處理最多業務的人，常常不是最高薪的那個？

在最提倡「老闆想的和你不一樣」、「員工要努力擁有老闆的視野」的台灣職場，專家會對你說，以上這些現象再正常不過，因爲從老闆的角度來看，給員工一份「不滿意但願意勉強接受」的薪水，對經營公司是最有效率的（但員工是什麼感覺那又是另外一個故事了）。底下我們就來分析一下老闆的心態。

薪水賽局老闆篇：讓員工不滿意，才是有效率

假設某員工對公司貢獻十萬元獲利，除非老闆佛心來的，否則不可能開十萬的薪水給他，這樣只有員工賺，公司賺什麼呢；而如果老闆開五萬薪水，員工二話不說就走人的話，公司也損失了十萬的貢獻度，不划算。也因此，老闆給的數字會選擇五萬到十萬之間，至於**最完美的狀態，當然是「低到讓員工不爽，但又能勉強留下來」的薪水**（例如六萬），**對**經營**公司是最有效率的**。

怪不得我們從沒聽過哪個同事很滿意自己的薪水，因爲老闆本來就不會給你自認爲值得的薪水啊。

老闆的盤算是，如果花三萬請到一個菜鳥，透過一段時間的訓練，讓他能發揮六萬的價值，那公司就賺到三萬。就算菜鳥要求加薪，加到三萬五也已經是16.67%的調幅，嚇死人的高，公司還是能賺到兩萬五。如果同一個職位有比較資深的人要求五萬薪水，就算他也能發揮六萬的價值，對公司來說，還是不如那個願意領三萬的。

這也是爲什麼老闆還總是想用新鮮的肝來取代你，讓公司維持成本競爭力。

薪水賽局員工篇：只有跳槽，才有資訊不對稱的機會

而身爲受雇的員工，你的加薪速度永遠追不上工作量增加的程度，也趕不上你承擔責任的力度。不論哪一行，員工最有條件開口喊價的也只有跳槽時。因爲新老闆並不知道你究竟能貢獻多少價值，基於資訊不對稱，才有可能給你滿意的薪水。

所以說，如果你是新鮮人領三萬薪水，也在工作中磨練了一陣，一旦知道自己有六萬價值的時候，最好的選擇不是要求升職加薪（因為老闆絕不會給你滿意的薪水），而是趕快跳槽並且大膽開價，敢說我在這職位上能發揮的作用能比六萬更大，所以公司值得開更高的薪水給我。

這也是為什麼，你同事裡面最苦幹實幹不計較的，領的薪水往往沒有那個空降進來的同事多。**在老闆與員工的薪水賽局裡，薪資常跟員工的能力無關，而跟資訊不對稱的程度以及跳槽實開價的大膽程度有關。**

看到這裡，不禁覺得在台灣當員工好想寫個慘字。以往那些被我們稱為「職場美德」的條件，比如要勤奮耐操、要有定性、不要常換工作、不要跟同事隨便談論薪水（薪資保密條款）等等，無一不是在防範員工領到值得（甚至超越）的薪水，並且盡量壓低公司的人事成本。我們的勞工都被教導成沒什麼競爭心，怪不得公司都很有競爭力。

把人力當成本，是一種惡性循環

雖然很多老闆以這種經營態度為傲，還要把這種思維教導給職場新鮮人，讓他們了解老闆想的和你不一樣。但以這種薪水賽局沙盤推演下去，其實對勞資雙方都沒什麼好處。

一旦公司基於所謂的「經營效率」，老是給員工「不滿意但勉強接受」的薪水，長期來說，必然留不住具有開創性的頂尖人才（他們早就跑去高薪、高自由度、不被你管理的地方了），只有平庸的員工會留在崗位上，並且與老闆展開道高一尺魔高一丈的遊戲——如果我的貢獻六萬卻只領五萬薪水，那只要降低貢獻度到五萬，上班不就也很有「效率」了嗎？

聰明的老江湖員工，肯定會採取「一分貢獻，三分應付，七分發展壯大自己」的策略，上班敷衍了事，一面搞副業、經營人脈、有機會就跳槽，等著讓其他同事或新人擦屁股，長此以往，對公司真是好事嗎？

用人力成本的角度（外加職場道德洗腦）來玩這場薪資賽局，或許在製造業思維裡是有意義的。但在創新創意決勝負的產業裡，當老闆把頂尖人才推出公司門外，和認輸也沒什麼兩樣。

06

解讀團隊賽局：為何順暢運作的組織，就有員工要離職？

從同事決定去留的賽局來看，一個組織始終在缺人才是一種均衡。因為一旦團隊把缺額補滿，就有同事會想提離職。倒不是說工作像監牢，一有機會就要逃跑，而是因為台灣人太認真負責，公司缺人的時候走不了，補滿缺額有餘裕之後，才會起心動念想離職。

身爲上班族，你現在所屬單位的人力足夠嗎？是不是覺得應該再補上一兩位生力軍，讓同事們不用忙得要死，每天加班、到處救火呢？

台灣勞工以工時長著稱，根據

二〇一五年統計，台灣人每年平均工作2141小時，排行世界第四，只稍微落後於墨西哥、哥斯大黎加和南韓，比已開發OECD國家每年平均多工作371小時（大約46天）。講數字你大概沒感覺，但想想自己上次準時下班回家吃晚餐是什麼時候，那心情大概八九不離十了。

我們的工時如此之長，每天都有無止盡的事情要做，我從沒聽過任何朋友說自己單位人力充足，覺得上班輕鬆；反倒是每天都有朋友在問：「誰有認識適合做某工作的人選，麻煩介紹一下！」

該怎麼分析你我的公司都在缺人的狀況呢？產業總體層面的因素留給分析專家來說明，這篇文章從同事互動的個體角度切入，做點另類的詮釋。

團隊明明剛補滿人，就有同事提離職

從同事決定去留的賽局來看，**一個組織始終都在缺人，似乎才是一種均衡，因為一旦團隊把缺額補滿，就有同事會想提離職**。倒不是說工作像監牢，我們一有機會就要逃跑；我觀察到的正好相反，**因為台灣人太認真負責，所以公司缺人的時候反而走不了**。

想想看，如果一份工作需要團隊處在人手不足的狀況下，每天加班才能解決，哪有同事會提離職呢？大家會想：「我一走，等於把工作丟給同事，現在大家已經累得半死，我走了難道真要同事去死？」

人手不足的時候，我們習慣更認真加班，好好把大案子拚完，等旺季過去可以稍喘一口氣的時候，公司也有空徵人了。然後等組織補齊預定編制的人力，哇，我們終於可以鬆一口氣，向老闆提離職：「我現在離開，才不會對團隊帶來太多困擾……」

就這樣，公司永遠都處在缺人的均衡狀態，補了新人卻離了舊人，其他同事還要幫新人交接進入狀況，大家還是每天忙著加班救火，直到新人上手，事情總算輕鬆下來，有空再去補滿編制人力。然後，又會有同事要走……

因爲選擇此時離開，才不會給團隊困擾

對上班族來說，這種「團隊好不容易上軌道，卻又要另起爐灶」、「組織好不容易補滿人，又有同事要走人」的辛酸，時常反覆上演，而這時離開

的同事，多半都是認眞負責、做事有一套的好夥伴（沒能力的同事也無法一起度過低谷期嘛），常常令人可惜。

前不久聽一位前輩說，有位得力助手在公司做了十幾年，在產業裡能力備受肯定，公司也很器重，但卻突然提了離職，這位前輩不解。對方解釋說，其實幾年前就在思考職涯的另種可能，只是公司那時狀況不穩，所以不敢離開、也不願拋下同事，直到最近單位的業績回升，他也培育了幾個新人，覺得還在此時離開，是最不給團隊帶來困擾的機會。

對管理者而言，怎麼留下這些好手還眞是一大挑戰。我們都希望職務有變化的可能、組織始終有新目標、新挑戰，還得控制在有點難度又不會操死人的狀況，否則每天都在做重複的例行工作，即使公司賺錢也會想走人的。

個人扛下太多責任，也會拖垮自己

另一方面，有些工作者**因為組織老是缺人，因此一人做了好幾人份的事情，導致許多流程卡在自己身上，既成為組織的關鍵人物，卻也是團隊工作的瓶頸**。當處在這個位置，我們總認爲自己很重要，不敢離開，否則事情會進行不下去，愈是認眞負責的同事，愈容易累垮自己，最後還是要同事幫忙收拾殘局。

也因此，當太多流程卡在自己身上時，工作者也要適時放手，維持健康的分工狀況。我們常在離開工作後才發現，原來在職場裡沒有人無法取代，組織會找到它完成事情的方法。即使沒有自己，團隊還是走得下去，只是過程會有些不同。也許你可以在人力編制補滿時選擇離開，找尋自己的下一個可能；也許你會選擇留下，重新思考怎麼讓團隊完成工作的過程，因爲有你而更美好一點。

07

解除「不開會就會死」的病，在主管一念之間

我們討厭開會但又不得不如此，彷彿上班是種「不開會就會死」的病，再苦也要撐下去。召開會議之前，請思考每次開會要耗去多少金錢費用與時間成本，而且還是用與會者進行其他工作的機會成本換來的。提升會議效率，在主管的一念之間。

關於上班族有多討厭開會，有一句幽默名言：「我們比開會更常做的事，就是抱怨開會。」你走在路上隨便抓三個人來問：「會不會覺得上班開太多會？」肯定三個都會說是，中途還會出現第四個人湊

上來一起抱怨這件事。

的確，我們討厭開會但又不得不如此，彷彿上班是種「不開會就會死」的病，再苦也要撐下去。如果能提升會議效率，我們就不用加這麼多班了！畢竟上班時間就是這麼多，我們只能拿來開會或拿去做事，二選一不會有例外。少開會讓大家多做點事，有什麼不好嗎？

開會效率原則，就只有簡單四點

讓開會時間減少的技巧，一點也不困難。前不久看過一篇流傳甚廣的文章，是臉書創辦人祖克柏（Mark Zuckerberg）的會議技巧，第一是開會前要明定一個清楚的目標：「**我們聚在會議室裡，是為了做決定，還是只是討論？**」

如果這個會議要做決定，大家就別閒扯了，如果是要討論，就得看第二項技巧：「**參與會議的人，要預先繳交開會資料。**」每個與會者都要先提出資料、也看過別人的資料，帶著想法進會議室，立刻討論決議，而不是大家姍姍來遲，到場之後才驚覺「什麼？我也是看報告才知道！」

提升會議效率的商業書很多，但原則大概是底下幾項：

1. 釐清會議目的：是爲了決策，爲了解決問題，爲了創意發想，或只是爲了凝聚向心力。
2. 嚴選出席者：要是能做決定的人，要有相關知識、足夠專業的人，而且不要找太多人，否則會議會被拖得很長。
3. 確認開會形式：不同會議目的有對應的效率方式，比如創意會議需要腦力激盪原則，決策會議可以用採取時限制（站著開會），解決問題可以導入世界咖啡館（The World Café）技巧等等。這不是一篇文章說得完，大家可以再去找延伸資料。
4. 做好會議紀錄：沒有後續紀錄，很容易變成會而不議、議而不決、決而不行、行了又不追蹤檢討，下次開會繼續鬼打牆，有一種déjà vu的既視感。

理論大家都懂，但問題癥結在主管

開會要有效率，原則大家都懂，但明明大家都懂，我們開會卻依然無效率。我在這裡大膽說一句：問題的癥結在老闆，不是員工；得從上位者做起，而不是基層人員。

曾經身爲商業雜誌編輯，和同事努力企畫了開會效率的專題，自己也試用過裡面的技巧，原本大家很看好這個題目，結果卻銷售平平。最後在讀者調查時才發現，工作者普遍認爲：**「要不要開會不是我能決定的，而是老闆說了算，我學更有效率的開會技巧有什麼用？」**

我恍然大悟，原來市面上所有會議技巧的商業書，是寫給老闆看，而不是我們這種小螺絲釘看的。除非老闆像祖克伯一樣要求成員「開會前有明確目標」、「預先繳交開會資料」，而且自己嚴守「限定時間結束」、「會後持續追蹤」等原則，否則再多技巧也無濟於事。

要達成開會要有效率這件事，主管是唯一能推動改變的人選。如果老闆喜歡在開會時跟同事聊天，那會議進行的速度絕對快不起來。如果老闆喜歡掌控局勢，但又忙到沒空事先消化資料，只能到會議室之後再開始閱讀、聽報告，然後用幾分鐘表達意見，那其他與會的人也只能一起聽報告，等老闆裁示。如果老闆覺得他的工作就是開會，開會就是工作，那當然「會會相連到天邊」，只好等加班時間才有空做自己的事。

能不用開的會，眞的別開了吧！

爲了嚇阻各位小主管或大老闆召開會議的慾望。在這裡提出會議成本公式：

開會成本＝與會人數×開會時間×個人時薪

下次想開會之前，思考一下每次會議要耗去多少金錢費用與時間成本，而且還是用與會者進行其他工作的機會成本換來的。請警惕自己，是不是得了一種不開會就會死的病，反而浪費掉更多時間？沒必要的會，眞的、眞的就別開那麼多了吧。

08

開會是為了找衝突，不是找共識

爭論才能刺激想像力，讓我們用不同角度去感受、了解事情。就算最後選了其中一邊，另一側的意見也能當成判斷錯誤的退路。決策常常是在模糊地帶中取捨，沒有100％對或錯，意見多、衝突大才是好事，當所有人都說出同一個意見時，最危險的情況即將發生。

當你聽到「這件事我們開會討論一下」的時候，會想到什麼？在大部分人的想像裡，「開會」的劇本可能是一群人坐下來溝通，準備談出一個大家都能接受的共識，接下來安排實施計畫，然後照著計畫的安排完成，途中記得控制進度。

台灣人強調以和為貴，我們以執行力著稱，能夠有效率的安排計畫、執行完成，卻不習慣與人衝突。不論在場開會的是長官還是同事（甚至只是在學校和同學討論），即使我們心裡有不同的意見，可能也不想強調，甚至不願當場說出口，但其實，開會時好好爭論一番，對每個人都有幫助。

若眾人沒有異議，就不該作決定

想做出正確決定，需要足夠的爭論。美國傳奇經理人小艾佛列德．史隆（Alfred P. Sloan，一九二〇年代通用汽車董事長）在公司開會時有句名言：「相信大家對這個結論都沒有異議……」如果與會者全都點頭贊同，他會接著說：「那麼，我建議繼續討論，直到有人提出不同見解。」他奉行的會議原則是：如果沒人提出不同意見，那就不該做決定。

爭論比共識還重要，有兩個原因。首先，就算與會者達成「全體一致」的共識，也需要經過事實的驗證，才能確定是正確，沒有驗證的共識，很可能只是所有與會者的一廂情願、並不符合實際。其次，若開會只有一個大家共識的結論，沒有其他替代方案，一旦後續狀況有變，計畫亂了套，我們就只能變成無頭蒼蠅，沒有第二個選擇。

就像舉辦戶外活動都要想雨天備案，和朋友約吃飯也要想好餐廳客滿該怎麼辦，這些日常小事我們都會準備好替代方案，那在做出重要決定的會議上，就更應該鼓勵大家提出不同的意見，而不事尋求一個所有人都點頭的共識。

衝突與爭論，對開會有三大好處

有建設性的衝突，對會議討論至少有三個幫助：

第一，爭論是掙脫被偏見的好方法。每個人提出意見時，都認爲自己是說的話是基於事實，因此討厭被人質疑。但我們從來就不缺「心裡先有定見、才去找符合結論的事實」來自我佐證的力量。唯有從不同角度思考的衝突，才能打破思考盲點。想想之前發生的服貿或核電議題吧！正因爲對立兩側說的似乎都有道理，我們也才有動力一步一步抽絲剝繭，檢查哪一側更符合事實。

第二，爭論才能讓我們設想替代方案。沒有替代方案的決定，跟賭徒只想博一把的衝動差不多，很可能一開始就判斷錯誤，或因爲後續情況變化而無法繼續適用，因此我們總是需要替代方案——畢竟考試都要填第一志願、第二志願，開會如果只有一個共識，萬一第一志願的情況沒發生，後續就只能乾著急或絕望了。

第三、爭論才能刺激想像力，讓我們用不同角度去感受、了解事情。除非是在有標準解法的數學考試，作答可以不需要想像力，其他無論政治、經濟、各種類型的商業與社會活動，我們都面臨著不確定性，很多時刻工作者需要用創意去創造一個新的情況，才有辦法解決問題。雖然不是每個人都天生具備想像力，但我們在面對正反不同意見的爭論、挑戰與刺激時，比平常更能打破原本的視角，用另一個方向看事情。

爭論要有根據，不可爲反對而反對

面對不同意見的爭論，就算決策時選了其中一邊，另一側的提案也必須保留在心中，可以做爲日後發現判斷有錯時的替代選項。畢竟決策常常是在模糊地帶中取捨，沒有百分之百的對或百分之百的錯，開會時意見多、衝突大才是好事，當所有人都說出同一個意見時，很可能危險的情況即將發生。

最後也別忘了，好的爭論有其前提，就是提出的意見時要有根據、有條理、並且經過仔細思考，最好有資料佐證，而不是爲反對而反對的意氣之爭。

09

開會有意見不敢說？談組織心靈的自我審查

只要組織有上下從屬關係，就有揣測上意的動機；只要有迎合上意的需求，就會造成創意心靈的自我審查。這也是為何就算主管保持開放，卻還是得不到足夠的創意。只有去除階級、純粹就意見品質決勝負的規則下，才能鼓勵創意。

「當老闆說：『我們評估一下這個點子』的時候，意思是請你跟他交換意見，稱爲『交換』的原因是，你帶著你的意見進去，再帶著老闆的意見出來。」幽默作家蓋伊・布朗寧（Guy Browning）在《辦公室政治：職場的運作方式》

（Office Politics: How work really works，暫譯）裡寫道。這當然是個幽默笑話，不過人類總是需要幽默感，才能度過最殘忍的時刻。

辦公室裡，一個好點子從出現、存活到被執行完成，就像少林寺徒弟要打過木人巷一樣慘烈，優秀的創意葬送在例行事項、制度流程中是很稀鬆平常的事。前不久我和幾個工作夥伴吃火鍋，席間大家歡樂無比，精采的點子層出不窮，有人突然說：

「我們現在可以想到這麼好的點子，開會的時候怎麼大家都沒有創意？」

「那當然是因爲現在老闆不在啊！」另外一人毫不猶豫的回答。

有上下從屬關係，就有迎合上意的需求

工作過一段時間的人，肯定都有這種心情：覺得失去創意，只是在聽老闆的吩咐，每天都做差不多的事，工作愈來愈像例行事項，自己明明有想做的事卻做不到，於是熱情漸漸消失。

常見的劇情是，許多主管開會時都強調：「大家放心，我是很open-minded

願意聽意見的人，大家有話直說，有點子盡量提！」

不過大家都出來混那麼久了，心裡有數。只要真心真意提出意見被打槍一、兩次，之後每個人都會學乖，先揣測上意，看看風向對不對，有適合的意見才提，白目的就別說了。畢竟迎合上意很容易，抵抗上意要花大量成本（我每天事情都忙不完，與其費心思去跟老闆爭辯，還不如趕快開完會去做事咧）。

當組織權力關係不對等的時候，事情流向很自然就變成「照上頭的意思走」，與其做那個一天到晚跟老闆唱反調，自以爲是的人，還不如汲汲營營當個討老闆歡心的小人，拿到的資源更多，能做的事情更廣。

但另一方面，老闆也有話要說了：「奇怪，明明開會時是大家提的意見，結論也是大家的決議，爲什麼好像變成你們在應付我？」老闆覺得自己明明不獨裁，員工卻沒有熱情，很想叫他們動起來，員工卻冷冷的說：「我在這裡工作得不開心，想去能展開手腳的地方，做自己想做的事情。」

明明員工有想做的事，老闆也不是不願意支持，但就卡在組織的權力結構裡，讓老闆覺得員工都沒想法，員工覺得老闆都不想聽自己的想法。

只要組織有上下從屬關係，就有揣測上意的動機；只要有迎合上意的需求，就會造成創意心靈的自我審查。自我審查的時間久了，如果不是自願變成「老闆當頭腦、員工當手腳」，就是想換到一個更能實現理想的環境，離職獨立去了。

環境與制度改變，才能鼓勵好點子出現

當我們說創意難以產生、創意難以存活是個結構性問題時，就代表不是靠某人的努力可以改變的。意思是，老闆要求員工不要揣測上意、要勇於提出歧見，說破嘴也沒用的（事情運作的機制就不鼓勵如此）。

而另一方面，員工也不能全怪老闆不接受創意，相信平均而言，老闆不會比一般員工更沒創意，甚至他們會比員工還需要好點子，只是在組織權力關係的結構裡，地位高的主管自然會成為創意產生的阻礙而已。

很自然的照規矩走，卻很自然的變成無聊的地方，這就是辦公室裡淡淡的哀傷。

換個場景看，最有創意的地方是網路。網路上沒有上下從屬關係，我的考績不靠你打，我也不認識發言的人，不會「因人廢言」或「因人捧言」，

純粹就意見的品質決勝負。此外，匿名的網路上也沒有「閱讀空氣」這回事，我說的意見不用迎合誰，可以盡情白目天馬行空，自然比較有創意。網路上當然也有「帶風向」這回事，不過紅到底的意見可能翻黑，黑到底的也可能翻紅，比起辦公室裡還是更有轉換空間。

有沒有可能運用一些網路文化的特色，讓辦公室更有創意一點呢？首先，團隊成員最好有多樣化的背景，才能匯集不同專長；其次，要用制度來鼓勵成員獨立思考與某種程度的自作主張，多提出不同角度的見解；第三，要讓團隊了解，好點子是歧見與爭論的產物，不是一致性與妥協的結果。如此才有可能打造一個不再尊崇上意的環境。

理論大家都懂，但實際能否執行不是那麼容易，要老闆甘願收起自己的權威，又要員工不在乎老闆的權威，實在不容易。就算捨棄組織人生，自己當老闆，也還是會面臨被客戶回絕的難過。唉，創意如此艱難，同志仍須努力。

10 / 效率極大的公司害死人

追求效率和追求創新，是兩種截然不同的思維。創新來自多餘和過剩、失敗和浪費，鼓勵異議、獎勵失敗。而追求效率極大的公司，總是要把錯誤減到最少、懲罰犯錯，喜歡一致的目標，推崇標準流程。但若你要求每次成功都可複製，怎麼可能會有創新？

說起台灣企業的絕技，追求效率絕對是兵器譜排行第一。出現在雜誌裡的大老闆，只要提到「如何提升營運效率？」各個都眼神發亮、眉飛色舞，怎麼縮短交期、降低庫存、提高良率、流程標準化還能客製化、就算顧客需求改變也能馬上配合……往往是企業家訪談最精采的部分，也是許多上班族每天努力從事的工作。

只是當換個話題，談到創新，老闆們的神情就轉爲嚴肅：「創新非常重要，所以……」談話後面通常是一些策略性的開示，缺乏實際的例子，表情也失去述說一件「我們做得很棒，好想告訴大家！」那樣興奮的神情。若是問一般工作者關於創新的想法，大家也只會說：「每天都忙不過來了，誰還有空創什麼新？」

一味壓低成本，退潮才發現在裸泳

創新很重要，大家都知道（書裡都有寫）；不過創新是不是有比提升效率還重要？很多人大概會語帶保留。台灣人很矛盾，我們最推崇的商業故事，是蘋果賈伯斯（Steve Jobs）、Google、臉書、台積電這些「改變規則的創新」（他們也賺走市場上大部分的錢），但我們卻不敢或不認爲自己應該創新。因爲那些故事沒辦法標準化、流程化、經驗不能複製，用嘴巴說說可以，但最好不要學。我們還是保險一點，反求諸己，更努力、更認眞、把價運效率更提升，這樣也可以賺錢。

景氣好的時候這種策略沒問題，但隨著景氣變差，台灣企業「追求效率」的理念也開始出現一些偏差。十多年前，市場上還有一些鼓吹創新、綠色、科技的氣氛，但是隨著GDP愈趴愈低，企業策略就愈趨於保守。當公司毛利下降，老闆就把成本抓得愈緊，所有不能即刻提高效率、加強競爭力的事情，我們都要暫且忘記。

上班族薪資愈來愈低、工時愈來愈長、新聞報導開始教訓年輕人不夠努力、因爲沒有不景氣、只有（你們）不爭氣。甚至一些無良廠商把成本轉嫁給污染環境，排放廢水把溪流搞到日月無光，政府部門還會出來緩頰「不要讓投資環境失去競爭力」，商業大老還會出來捍衛「環保恐怕會讓GDP降低」。退潮的時候，我們才發現自己早已脫下泳褲正在裸泳。

商業市場前進的力量，始終來自「創新」而不是「效率」；經濟成長的要素是熊彼得（Joseph Schumpeter）口中的「企業家精神」、「創造性破壞」，而不是價格競爭。管理學的開山始祖彼得．杜拉克（Peter Drucker）認爲企業有兩大功能：創新與行銷。效率還排不上榜。提升營運效率並非不重要，但顯然也沒有那麼重要，一味壓低價格和成本是惡性循環，這道理大家都懂，但為什麼創新還是這麼難？

原因也許在於，追求效率和追求創新，是兩種截然不同的思維。

忍受「沒效率」，才能「有創新」

創新來自於多餘和過剩、失敗和浪費（每天都忙不過來的人，是不可能有創新點子的），能夠鼓勵成員有自己的想法，歡迎挑戰權威，容許失敗、甚至獎勵失敗的組織，才是最能創新的公司。創新的確不可預期、無法管理（什麼「系統性的創新」、「有效率的創新」都是假象），它基本上是統計遊戲，把賭注下在愈多個點子上，才愈有實現的機率。「沒效率」對創新來說極其重要。

追求效率極大化的公司，總是要把錯誤減到最少、懲罰犯錯的人，喜歡組織成員有共同的目標（而不是異議），推崇標準化的流程、可複製的成功，最好花的每一毛錢都要看到效果、每次投資都要萬無一失。高舉「獲利至上」的大義名分，把一切可能的多餘減到最小。說誇張一點，如果讓效率極大化的公司來設計人體，大概只會保留一隻眼睛、一隻手、一個肺，然後想辦法把腎臟外包到國外，並且認爲膽囊的表現不符KPI，值得憂慮吧。

創新點子當然不是每個都能賺錢，少數成功、大多數失敗是常態。然而不肯忍受沒效率，不願勇敢創新的公司，其實只是冒著落後於競爭對手的風險，等著慢慢被淘汰出局。追求創新不是什麼穩定獲利的祕訣，但它卻是避免企業失敗的必要條件。老闆們，就請別再這麼效率至上了吧。

11

想推出好商品，竟比推出垃圾更困難？

理論上，速度、價格、品質是三選二；實際上，卻是速度、價格好控制，而品質這麼虛無飄渺的東西，等營運穩定了再說。就這樣，公司變得「為出貨而出貨」、「為了業績而出貨」，因為營業額永遠要增加，成本永遠要減少，推出垃圾，自然也比推出好商品更容易。

我們面臨的選擇愈多，不一定代表有更多好東西可以挑選。舉例來說，有線電視一百多個頻道，我們常常轉完一輪都覺得不好看，新聞每台報的都差不多，電影也一直重播；每當想買新手機、相機或電腦，可以找的產品愈多，卻不知從何選起……有時市場上出現愈多選擇，好商品卻沒有等比增加，反倒很容易大家一起變得平庸。

話說回來，我們下班回家一邊罵電視新聞都亂報，但早上起床到公司，卻也常常妥協於老闆、客戶的意見，屈服於時間、成本的壓力，最後做出自己都覺得不怎麼樣的商品。同事聚餐時偶爾會提起：「當初夢想做出好東西才來上班，現在卻每天都在趕一些垃圾案子。」

讓人眞的很納悶，我只是想把產品做好，爲什麼那麼難？

想推出讓自己驕傲，願意推薦給別人的商品

二〇〇七年八月，蘋果推出第一支iPhone不久後，賈伯斯（Steve Jobs）在Macworld回答記者提問時，說了這麼一段話：「我們的目標是推出讓自己驕傲，也樂於推薦給親朋好友的產品。……這產業裡有些產品，是我們不願意推薦給親朋好友，推出它也不會感覺驕傲的，我們就是沒辦法做（那種東西）。我們不想推出垃圾，沒辦法跨過心裡那道門檻。而我們認爲市場上也有一群顧客，想要這樣的好東西。」

如果用賈伯斯的標準自問，我們每天上班所做的，到底有多少是讓自己感覺驕傲、眞的想推薦給親朋好友的東西呢？爲什麼公司的制度，常常都在阻礙成員發揮熱情，讓我們慣於妥協，輕易推出平庸的東西，而一旦眞的想把產品做好，卻老是受到重重阻礙？

但爲了拚速度、壓價格，很容易犧牲品質

商業策略有句名言：「速度、價格、品質，三個挑兩個。」當你要求速度快、價格低，就得犧牲品質；要求速度快、品質好，就得提高價格；要求價格低、品質好，只能減慢速度。話雖如此，但這三個標準中，最容易被犧牲的還是品質。原因很簡單，速度、價格容易計算，一旦組織面臨財務或業績壓力，只要提升出貨量、壓低價格，馬上就能補足業績。

如果某個部門去年推出十個產品，達成業績。老闆要求今年目標提高20％，最簡單的方法就是成本不變，用相同的人力維持編制去推出十二個產品（注意：工作量也增加20％），一旦年中發現達成目標有困難，也許來個特價促銷，很快就能追上。

如果有人想提升品質、訴求高價，面對的考驗可比降價大多了（你覺得那樣做很棒，可是我不覺得／你怎麼知道顧客想要什麼，證據在哪裡／顧客不需要那些東西啦，你看○○商品不也賣得很好……）。而公司更不可能讓你「爲了品質減慢速度」，畢竟沒有出貨就沒有營收，沒有營收就沒有現金流入，沒有現金流入，公司要怎麼繼續經營下去？

理論上「速度、價格、品質」是三選二，實際上速度、價格很好控制，而品質……這麼虛無飄渺的東西，先等營運穩定了再說吧。就這樣，許多人變得「爲了出貨而出貨」、「爲了業績而出貨」，因爲業績目標永遠只有增加、不能停在原地。爲了提升一點品質而斤斤計較，實在太沒有成本效益。

績效制度鼓勵業績，不鼓勵你發揮熱情

許多公司衡量員工的生產力，會用「營業額／員工人數」或「獲利／員工人數」做爲KPI，因爲公司重視營收、在乎成長。但是「想把產品做好」的熱情，和我們能不能達到業績目標、夠不夠考績分數、投資有沒有成本效益，似乎沒什麼關係（呃，搞不好有時還是負相關）。很多人並非沒有熱

情，而是被制度限制了想把產品做好的動機。

市場有好競爭、也有壞競爭；公司有好業績、也有壞業績。削價競爭、壓縮工時、爲出貨而出貨，就是最簡單的壞選擇。這大概也是賈伯斯這麼讓大家懷念的原因，畢竟在工作中，堅持不推出垃圾，比每天推出垃圾更困難；堅持不做什麼，比選擇做很多更令人苦惱。想要垃圾愈做愈少，有意義的事情愈做愈多，除了需要員工的熱情，更需要制度的支持才行。

12

面試一定要這麼無聊嗎，拜託來點創意吧！

面試時常是「憑緣分、靠感覺」，很難用制式標準或量表去評價一個人。以前每次求職總是戰戰兢兢，沒被錄取會心情低落好幾天，回想起來好像沒必要，面試很可能只是你跟長官頻率不對而已，不是人格失敗或能力不足！

絕大多數談面試的職場文章，都在增進求職者「被面試」的技巧，至於怎麼當個好的求才者、面試官，討論的就比較少了。或許是因爲求才的需求遠少過求職，所以無法創造這方面的文章供給吧。

跟工作生涯裡幾個長官聊，大

家都說面試時常是「憑緣分、靠感覺」，很難用制式標準或量表去評價一個人（這句話倒是夠有人性）。我以前每次求職總是戰戰兢兢，沒被錄取會心情低落好幾天，回想起來好像沒必要，因爲面試結果很常常只是我跟長官頻率不對而已，不一定是人格失敗或能力不足的問題。

求職面試，問題千篇一律的原因

求職者都看過「面試秘笈」之類的文章，準備妥當才出發，相較起來，有些求才的面試主管反而像是趕鴨子上架。就像每個男人都是當了爸爸之後，才開始學怎麼當爸爸的，主管也是開始面試之後才學怎麼面試的，不禁讓人捏一把冷汗，想說「這麼千篇一律的面試法，眞的沒問題嗎？」

舉例來說，面試官總是喜歡問：「你覺得自己的優點缺點是什麼？」上網google就知道，他想了解你怎麼面對自己的缺點、如何改善、是否誠實等人格特質。

我也被問過好多次：「你工作經驗裡最大的成就、最大的挫折是什麼？」是，我知道長官想了解我是否負責過重要的職務，抗壓性，以及面臨挫折時會用什麼步驟從低潮中走出來。

當然也還有：「你對未來生涯有什麼規畫和期許？」了解，長官想知道我這個人的企圖心，以及設想過哪些具體的實踐步驟……等等。

絕望啊！我對如此無創意的面試問題絕望了，時常最後我都想反問：「長官，你覺得今天你問的問題，有增加這份工作的吸引力嗎？」不過我實在沒勇氣說出口，畢竟裝成溫良恭儉讓的樣子比較討喜，而且這份工作就算我不上，還有一堆人等著上呢！我算哪根蔥，長官幹嘛要提高工作對我的吸引力呢？看來面試眞是權力關係不對等的情境，難怪教人被面試的技巧，比當個好面試官要緊。

有心思的面試題目，打動工作者的心

回想人生中的面試經驗，除了選擇工作內容，也在選擇與我洽談的長官或合作對象。我曾在面試時覺得：「這個人好厲害，可以跟他一起工作一定很棒吧！」而投身某個工作，雖然這主管半年後就離開了（好恨啊），但確實跟他學到很多。也曾因爲面試主管爲我著想的一句話，當場就決定跟她工作，事後發現她眞是我遇過最照顧部屬的長官。

在所有面試、洽談合作的經驗裡，我聽過最有意思的題目是：「如果你跟六個朋友去吃滷味，你要怎麼點菜？」[1]「如果現在要你挑十首歌讓我感動落淚，你會選哪十首？」[2]「木村拓哉主演的日劇裡面，你最喜歡哪十部？」[3]

後來發現，這裡每個問題都沒有標準答案，回答也不需要任何客觀。豬耳朵和海帶哪個好吃不是邏輯可以解決，但每個人都可以有一套自己的觀點，告訴別人爲何《南極大陸》就是比《沉睡森林》好看。這個主管想聽的是（這是我日後才想到的）：這個人是否眞的擁有自己的看法，能不能有條理的說出口，讓別人也覺得這個觀點好有趣——這，不就是創意嗎？

如果一家公司標榜創新創意，總說人才是最重要的資產，但面試問題卻如此僵化無情，面試主管也看不出工作熱情，還是會被求職者看穿手腳的。當然我們這些求職者未必是多有才華的人，不過就連良禽也會擇木而棲，更何況是智慧人類呢？

註1：怎麼點滷味，問題可大可小，六個朋友裡的男女比、飽足度、之後是否要續攤、是下午還是晚上吃……各種影響條件都有可能，看你怎麼想囉。）

註2：一首歌能否感動人，不在它好不好聽，在你怎麼說故事詮釋這首歌對你的意義。這是我從失敗中得到的教訓。）

註3：如果你是個不看日劇的人，這份工作就對你說掰掰了，這麼主觀的選擇條件，夠酷吧？）

13／花力氣改進缺點，不如拿來增強優點

不是要對自己的缺點視而不見，而是應該是盡量讓它減低損害，不擅長的事，不用勉強做到和其他人一樣好，缺點只要無害化即可。你的精力應該用在「把專長發揮最大效用」，往你做的最好的事情去努力；抵抗從眾的誘惑，別輕易和其他人做出相同的選擇。

台灣人從小到大都面臨考試壓力，周考月考段考會考學測指考……考試大概是是影響學生心情的最大因素。

大學校園裡每到學期末，許多人都在計畫如何all pass，學分不要被

當掉（當然成績好的同學例外），補交作業的補交作業、想拚期末成績的就趕緊讀書。而其實不只學生背負著被考試分數的重擔，老師也不例外，在教學評鑑的控制下，不但要寫論文集滿點數，還要在課堂上拉高教學滿意度。

考試，或者說評量制度最大的影響，是使得我們把行動重心放在「改進缺點」。被評量制度比較的人，通常不會選擇發揮優點，而會想改進缺點，因為受測的群體會傾向消除彼此的差異，而不是強調每個個體的差異。

只求改善缺點，會變得和其他人一樣

舉例來說，當你拿到成績單的時候，第一眼大概是看有沒有哪科不及格吧？假如有個同學經濟學80分、會計學50分，接下來肯定會勤讀會計；就算是經濟學滿分，會計學92分的同學，也會想要追求完美，把會計也拚到100分。原本專長是做研究的老師看到教學評鑑結果，可能開始擔心自己應該要加強授課技巧，提升學生滿意度；而原本專長是授課的老師，卻反過來開始埋頭做研究。在這樣的制度下，原本專長鮮明的兩個老師，可能變成差不多的樣子。

人生可不是考試，用「樣樣追求完美」或「追求all pass」的態度，最後只會讓你顯得平庸。許多人畢業後最大的困擾是找不到方向、沒有目標，因爲大家說英文重要，所以我也補了英文；因爲大家說求職時社團經驗很重要，所以我也努力混社團，但是什麼都做了卻好像什麼也沒做，因爲每個同學都做了差不多的選擇，每個人的長相愈來愈接近。

想找到最好的自己，第一課很可能是「發現自己的專長，並且不斷加強它」。我們都知道，做自己喜歡、擅長、有興趣的事情，很容易就可以做得比其他人更好。管理大師彼得．杜拉克（Peter F. Drucker）有句名言：「從『毫無能力』進步到『馬馬虎虎』所需要耗費的精力，遠超過從『一流表現』進展到『卓越出衆』。」意思是說，你得花更多力氣才能把不擅長的事情做到平庸水準，卻可以很輕易把專長增進到他人比不上的精湛程度。

加強獨特的優點，才讓你與衆不同

只要首席女高音能吸引滿場觀衆，歌劇院經理一點也不會介意她的脾氣有多暴躁，因爲劇院經理的目標是提升票房，而不是找好相處的女朋友。頂尖的教授是否能討校長開心並不重要，校長領薪水是爲了讓教授好好工作，而不是管他在會議上夠不夠和藹可親。

完美的天才少之又少，大多數人都有不同的優缺點，好比棒球隊中有快腿、強棒、守備達人，能集合不同專長的球隊才是好球隊。不用害怕你有弱點，因爲大家都有弱點，與其改進缺點，不如加強優點；別害怕和其他人不一樣，因爲在這個競爭激烈的社會，有差異化的特色才能更被人看見。如果你天生快腿卻只拚命加強長打力，不是也很可惜嗎？

當然，這不是要我們對自己的缺點視而不見，只是看待缺點，應該是盡量讓它減低損害，而不是要勉強做到和其他人一樣好。記住，缺點只要無害化即可，精力應該用在把專長發揮出最大效用，往你做的最好的事情去努力。

只想著改善缺點，不但事倍功半，也很容易變成和其他人差不多的模樣；找出自己的熱情與專長，一旦沉浸其中，很容易就能達到他人做不到的表現，顯得突出被看見。領導學大師華倫．班尼斯在《領導者該做什麼》說到：「領導者的第一課就是認識自己。成爲領袖和做自己是同義詞，就這麼簡單，但也是這麼難。」做自己需要抵抗從衆的誘惑，別輕易和其他人做出相同的選擇，記住，畢竟你除了自己，也沒辦法成為其他人。

14

職場後菜鳥，選擇工作的三個建議

在興趣與職務的衝突中掙扎，對於是否轉職猶豫不決時，可以思考「有沒有好主管讓你偷學」，「能否愈做愈專業、愈來愈了解所屬產業」，以及「是否能找到一起合作的夥伴」三個指標，來思考自己的工作是否值得做下去。

有幾年工作經驗，還稱不上老手的職場後菜鳥，總在興趣與職務的衝突中掙扎，不像老練的上班族很清楚自己要什麼，也不像資深的前輩已經摸清工作的全貌，對於轉職常常猶豫不決。每當產生「要不要換工作？」的想法時，有沒有什麼標準可以參考呢？

這裡以我的個人經驗，加上幾位職場前輩給我的建議，提供一個思考框架，無論你是否想轉職，偶爾藉由這個框架思考目前的工作，相信也會有收穫。

前提：兩年才足夠了解一份工作

每次想換工作，第一個念頭總是「是我太草莓，還是這份工作不好？我究竟待得夠不夠久，足以了解這份工作的全貌？」曾有位前輩給我受用至今的建議：了解一份工作，大約需要兩年的時間。

回想還在學校的日子，國一、高一或大一新生通常還不了解學校的特色、哪個老師上課的風格如何……等等，二年級以後就比較沒問題。工作也類似，第一年通常只是熟悉自己做的事情，能掌握分內工作該如何完成，要到第二年才能在處理自己的工作以外，還有餘裕去理解自己範圍以外的事，慢慢熟悉主管的習慣、如何與其他成員或部門配合等等，真的從裡而外摸透這份工作。

職業運動也有「新人第二年病」的說法，新人即使第一年表現搶眼，到了第二年常常出現撞牆期，直到能掌握自己在球隊裡的定位，讓身體熟悉一整個球季的比賽節奏之後，才能克服撞牆期。

工作思考1：有沒有好主管？

跟主管偷學是資淺者最快的學習方式。員工離職的原因裡，與主管不合占了很大比例。如果有本領高強的長官，光是從旁觀察他的工作習慣，時間管理的方式，處理事物的優先順序，如何把一份複雜的工作切分成不同部分，委託各個同事完成，都能讓自己成長不少。

而除了做事之外，會帶人的主管，對上對下、對橫向部門的人際關係肯定也有一套，也是後菜鳥可以偷學的部分。

這個時代不但老闆挑員工，員工也要挑老闆才行，如果不確定你的主管夠不夠厲害，多和不同領域的朋友聊聊（同業通常有所顧忌，你不敢問對方也不敢講），問問別人的主管如何待人處世，用什麼方式帶領部屬，是不是真心帶人。

工作思考2：能否學到東西？

在職涯初期，薪水應該還不是轉職最重要的因素，能否讓自己扎實的累積專業能力才是，如果工作學不到東西，離開也不是不能做的選擇。但所謂「學到東西」還可以分幾個層面來討論。

學專業（深度）：如果這份工作是你有興趣的，一定要愈做愈專業，能有挑戰困難任務的機會很重要，畢竟做中學的成長最快，要是例行工作比例太高，請列爲扣分項目。此外，如果所屬團隊的工作成果隨著時間愈來愈好，就肯定能學到東西，如果老是原地踏步或愈來愈差，就得注意。

學產業（廣度）：除了專業的部分，你能否從工作中了解所屬產業的樣貌，也是一個判斷基礎，除了每天埋頭苦幹，有沒有機會抬頭站起來看看周遭的事情，從公司內不同部門負責的事務，到公司與公司之間的特色差異等等，都是可以設法學到的東西。

自己找東西學：有時覺得「學不到東西」，錯不在這個職務，而是我們看待這份工作的方式。通常工作和興趣不會百分之百相符，如果換個觀點，或許能從工作中找個完成興趣的方法。

工作思考3：是否有合作夥伴？

比起單打獨鬥，如果不同特色的成員能彼此配合，團隊的成長會更快速。就像職業球隊有所謂的化學效應，五個球星湊成一隊可能都在搶當老大，球不夠打，但五個功能型球員搭配得好，打出節奏來戰力反而更強。

在職場上，每個人也都有自己的專長與特色，多花一點時間了解自己，設法設法湊齊願意一起努力的夥伴，找到可以流暢發揮的團隊，工作甚至會變成令人上癮的事。

主管、學習、夥伴三者兼具的工作簡直完美，如果有兩個能符合自己的標準，那工作應該還有不少樂趣；如果你的工作一個條件都不符合，那眞的該思考換個地方試試看了。

15

就業機會不等別人給，靠你自己創造

照理說，「就業」是雙方各取所需，企業提供職缺給工作者，工作者滿足企業的能力缺口，但我們總認為資方比較偉大，把提供就業機會的人當神，把就業者當成可替換的工具，這是為什麼呢？難道就業機會真的要靠別人提供，我們無法自己創造嗎？

所謂「創造就業機會」似乎是一件神聖的事情，只要這個詞一出現，我們都得仰望它。在政府施政報告裡，它會被當成政績（某政策創造幾千個就業機會，帶來幾千萬產值）；在企業主口中，它是一種對給勞工的恩惠（公司創造多少就業機會，養活多少家庭），以致於工商大老可以要脅社會「不要逼我們出走」，因爲企業一走，很多家庭會失去依靠。

但反過來想，就業機會那麼神聖也是一件奇怪的事，有時企業或政府創造的「就業」與其說是「機會」，還更像對個人能力的「剝削」，但我們似乎還要感謝有人願意剝削自己，否則失業了就什麼也不是。

照理說，就業是雙方各取所需，沒有誰比誰高級。你提供職缺給我，我滿足你的能力缺口，企業提供機會當然很重要，但勞工去就業也對公司產生貢獻。可是實際上，我們總認爲資方比較偉大，把提供就業機會的人當神，把就業者當成可替換的工具，這是爲什麼呢？

當勞動是買方市場，出錢的人當然講話大聲

如果勞動市場是買方市場，出錢的公司當然比較大聲，因爲這個工作你不做，還有千千萬萬的人等著做。也的確，缺人對企業損失不大（可以叫現有員工加班頂著先），但失業對個人來說可是非常痛苦。

有長時間待業或失業經驗的人都知道，那種心理煎熬絕不虛假，人沒工作就彷彿被剝奪了自尊，無法成爲社會的貢獻，而是一種累贅，不用別人提，連自己都覺得很失敗。當我們想證明自己的能力、想有所發揮，卻遲遲得不到適合的工作，才令人鬱悶。一旦我們把爭取到某些「高級」的職位視爲「人生勝利組」的條件，那麼，提供就業的企業，地位自然也崇高了起來。

但問題又來了，想獲得成功、證明自己的能力，不一定要去知名企業上班，難道就業只有別人能提供，我們無法找到自己的機會嗎？

難道就業只能別人提供，自己無法創造？

在社會上打滾，只要有心，自然會找到事情做。每天在菜市場鬼混，混個一年半載總會清楚市場裡還缺什麼東西，還有哪些人的需求沒被滿足吧，那就去做呀！這不就找到自己的工作了嗎？社會只不過是大一點的菜市場罷了，而工作的原點也不過是：了解我是誰，我對這個社會能有什麼貢獻或影響，有我沒我，這個社會有什麼不一樣。

「就業」絕不是掌握在某些人手裡，很難得才分配給你的「機會」，每個人都可以創造自己的工作，講困難一點叫創業，但發明自己的工作，可沒創業兩個字那麼困難。五十年前那個什麼都沒有的時代，我們的親人不也是這樣走過來的嗎？沒念書就到城市裡闖，看有什麼事情可以做，你看到一個機會、我創造一個服務、他願意埋單，一點一滴拼湊起大家的能力，構成了今天的社會。

自己工作自己創的精神，不知爲何被遺忘了，今天的我們，反而把心力放在「爭取別人提供的職位」上，還認爲這樣比較風光，才是安穩有保障的成功之道，把工作的意義讓給企業去煩惱，而自己負責執行就好。諷刺的是，我們還稱這行爲叫「找」工作——在工作裡，你眞的有「找到自己」嗎？

如果無法定義自己的工作，只能依靠別人提供就業機會，那他們當然可以大聲說，我提供機會你應該感謝，我養活那麼多家庭你應該敬佩，你不來上班是浪費社會資源，你逼我出走你家人就要流淚。

問題是，拿回工作主導權並非不可能，說穿了就是多看多聽多學，想想自己擅長什麼、能做什麼、其他人需要什麼，無論在就業中或就業以外，創造一件有意義又能養活自己的事，到底能有多困難？

16

思考自己的工作哲學，是尊重專業的第一步

對工作有愛，才會有想達成的目標、有必須堅持的底限，要面對「自己正在幹嘛」、「想透過工作成為怎樣的人」等問題。而在一個只想趕快進入贏者圈、當勝利組、用薪水與職稱衡量職業的社會，找尋職人精神絕對是搞錯了什麼，尊重專業也只能是天方夜譚。

台灣有個奇怪的現象，不知道是我們不在乎自己的工作，還是社會有職業歧視，某些事情總是做不好。舉例來說，就連把馬路鋪平這件事，都彷彿是一種奢求；此外，搬家或裝潢時，我們很少遇到服務

優異的工班，施工常常有問題。不說別人，我自己身處的編輯、出版、設計產業也一樣，委託案子要做出令人激賞的成果，機率不高，反倒是案主不追求品質、工作者也交差了事的情況很常見。

常看的日本節目裡，無論搬家公司、住宅改造、拉麵料理……再冷門的行業都可以找出職人與達人，追求完美的精神讓人佩服，爲什麼我們無法達成那種境界呢？

只願意出香蕉，當然買不到感動的服務

流行的解釋是「出香蕉的人只請得到猴子」，因爲台灣人不願意給更多薪水、更高的委託金額，自然也別想得到令人感動的服務。如果只想用最便宜的代價獲得成果，當然也只能得到交差了事的下場。

還有一種說法是「台灣人不尊重專業」，我們都時常聽到設計師抱怨，案主不懂卻要外行指導內行，好設計你不挑，偏挑那個拿來墊底用的爛方案。不尊重專業，不放手讓專家發揮，搞到最後不歡而散，自然也得不到什麼滿意的結果。

上面的解釋都有道理，但我隱約覺得，不願多付錢、不尊重專業的背後，還有更深一層的背景因素，非常主觀的說，我認爲那是台灣人沒有「認眞對待」自己工作的習慣，對工作沒有愛——我們沒想過自己做的事有什麼意義、沒想過爲什麼要做、也不熱愛自己的職業，只覺得工作是一種賺錢的手段，有賺錢就好——如此一來，自然不會想把工作做好。

講到這裡也許有人想開罵了。但所謂「不認眞對待工作」不是要指責工作者的個人能力或態度，也不是重提「年輕人都不努力，哪像我們以前……」這種老生常談，而是想討論台灣社會發展脈絡下，所形成的集體概念。

若講白話，就是：「你找工作的時候在乎什麼？爸媽怎麼看待你的工作？朋友怎麼看待你的工作？」這種程度的問題。

只把工作當賺錢手段，不鼓勵自我追尋

講到「工作／職業」這件事，社會普遍的意見還是在問你薪水多好、職稱多高。無論逢年過節跟長輩吃飯，或是畢業幾年後開同學會，很多人好奇

的是：「你一個月賺多少？開什麼車？當主管了沒？」。就連學生時代考試選科系，爸媽也會問：「你念那個幹嘛，以後能賺錢嗎？」

如果我們總是在問「做哪一行最快年薪百萬？」「進哪個產業才追得上潮流？」覺得賺最多的就是好工作、最流行的產業就是好職業，只有考不上好學校、到不了好職位的人，才去做其他賺不到錢的次級工作，那麼，「你的工作是什麼？」「這份工作到底要做什麼？」這些本質的工作觀念，就愈沒人在乎，也別談什麼職人精神了。（同時回想電視冠軍問拉麵大廚的問題：請問，拉麵對你來說是什麼呢？）

想把工作做到極致、做到令人感動，只有在你眞的熱愛工作時才可能。對工作有愛，才會有想達成的目標、有必須堅持的底限、有那些「做不到我會很丟臉」的堅持，需要赤裸地面對「自己正在幹嘛」「想透過工作成爲怎樣的人」等問題，思考出自己的工作哲學。

而在一個只想趕快進入贏者圈、當勝利組、用薪水與職稱衡量職業的社會，認眞看待工作這件事，根本是沒效率、不必要的堅持，也自然出現了職業歧視（只有學歷低的魯蛇才去做那個）；當工作只不過是賺錢的手段，在辦公室絕對找不到職人精神，工作者喜歡交差了事也不是什麼難以想像的罪惡。

期待有一天，社會能夠不再用贏者圈、勝利組當做衡量標準，而是鼓勵每個人都在工作裡自我實現，思考在每天的作業中想獲得什麼，想成爲什麼，想精進什麼。當我們熱愛自己所做的事，能思考出屬於自己的工作哲學，離尊重專業也更近一步，才更有可能獲得專業尊重。

後記：

我理想的工作樣貌，以及如何確定是否走在「正確道路」上

收錄在書裡的文章，是我在二〇一三年底成爲專欄作家後，陸續撰寫的稿件。有些內容曾在網路上發表，但在集結成書的過程中，每篇都經過不同程度的修改。把散落在不同文章裡重複的觀點整併合一，將原本不夠清楚的結論補足，刪除累贅的部分，或是把文章按照應有的結構拆分等等，最後歸類到三個不同的單元裡，匯集成這本書。

雖然每篇文章有隱含的閱讀順序（安排這種順序是我在編輯工作裡學到的樂趣與職業病），不過分開來讀、跳著讀也不會有問題。全部的文章綜合起來，就成爲我對「工作」這件事提出的主張與價值觀，希望這些主張能成爲一些刺激，和大家一起思考自己的工作哲學。

在書的最後，我想談一個有趣的故事，關於這本書是怎麼出現的。

在成為專欄作家之前，我從沒想過有一天會變成專欄作家，更別說出書當作者。我和台灣大多數的乖乖牌學生一樣，從小生長在「現在好好讀書，以後好好工作」的價值觀裡。幸運的是我滿會考試（這和讀書是兩回事），因此有了不錯的學歷，畢業出社會找工作時，也沒碰上現在的不景氣。

我懵懵懂懂進入雜誌社當編輯，從採訪經驗是零、寫作能力只有論文的菜鳥，一步步學會了編輯的專業與待人處事的原則，最後走到主編的位置。和別人有點不一樣的是，因為身處紙本出版這個夕陽產業，我對工作有很強的危機感，經常提醒自己如果有一天公司不見了，我得靠自己的本事存活下去。

然而人算不如天算，先脫離戰線的不是公司（那間雜誌社現在依然賺錢中），反而是我的身體垮了。

七年的雜誌編輯生涯裡，我屬於公司最拚命的一群。然而隨著職務與職位的成長，乖寶寶心態的我只知道用「更努力、更用功」的方式來面對，導致身體無法負荷，心理也承受極大壓力。健康出了狀況的我，最後只能離開工作，讓自己徹底休息。

一直以「邁向勝利組的好學生」為目標的我，初次嘗到失業的恐懼與魯蛇的處境。就像人在失戀之後才會檢討自己哪裡犯了錯，是遇到錯的人、選了錯的時間，或者誰都沒錯只是無法相處……「工作失戀」的種種問題，都在我混亂的腦海裡出現。

在那段被工作拋棄的日子裡，我開始想很多事：工作的意義是什麼？所謂的職場成功和失敗有沒有轉圜的餘地？台灣的加班過勞的文化從何而來，有沒有辦法改變？如果「只會更努力」的心態最終讓我被工作壓垮，那能不能用一點創意來看待職場問題？工作與生活能否平衡，上班是否真的如此憂鬱，能變快樂嗎？

事後回想可以說出條理，但當時我的人生只不過一片混沌而已。上班帶來的身心創傷仍在，所以不想找工作，另一方面，卻又自責於「你不工作，就只是個廢柴嘛」而感到羞恥。心裡掙扎了許久，最後我決定：「雖然無法上班，但總可以找點事給自己做吧！」

就這樣，我開始**每天做一些「純粹只是好玩有趣，想做就去做」的事**

情。當時還不知道，這些事情之後會成為我每天在做的事（我就這樣誤打誤撞的創造了自己的工作）。

我給自己找的事情是：**寫一些自以為有趣的東西，沒人看也無妨**。我開了部落格，專門寫「女高中生的制服為何這麼迷人」這件事（超級不正經的內容，眞對不起）。原來制服控只是我偏狹的個人興趣，和什麼工作哲學、職場探索的一點關係也沒有，但當時我仍然無法工作，只能純粹好玩的開始這項認眞卻無關緊要的研究。

沒想到卻得到一些制服控同好的回音。其中有拍短片的、有報社副總編、有攝影師、有網站站長、有來自澳門的學生、有中研院的研究工作者……許多制服控喜歡這些文章，我也有動力繼續寫下去。累積了一段時間之後，出版社找上我，於是我和攝影師合作，出版了我們的第一本書《高校制服戀物論》。我就這樣變成了書的作者。

還在寫制服部落格的某一天，那位報社副總編輯告訴我，udn聯合新聞網要開新的網路專欄，我可以試著投稿。於是我自告奮勇，寫了一些對工作與職場的想法（前面提到的那些）寄去，對方覺得文章還可以，我又這樣成了專欄作家。後來才發現，原來udn的編輯看過我的制服部落格覺得印象深刻，我才得到寫專欄的機會。

每個月固定寫兩篇文章給udn鳴人堂，之後又接到Yahoo新聞專欄的邀請，累積兩年多的文章，又變成現在這本書……

如果當初沒有用「反正很好玩，想做就做做看吧！」的心情寫了制服控的文章，現在的我也不會是什麼找尋工作意義的專欄作者。我並不是準備好要寫書才開始寫，**只不過是做了某些有趣的事、認識了有意思的人，一個點連一個點，慢慢勾勒出現在的工作樣貌**。

四年前被工作拋棄的我，怎麼可能計畫要從動漫與現實的女高中生制服，一路寫到工作哲學與職場創意呢？

寫網路專欄、出兩本書，當然不能賺到足夠的錢養活自己，我還是需要一面接案寫文章、編刊物，用過去學到的本領設法生存下去。在這段冒險的日子裡，我學到一個經驗法則：當我做那些純粹只爲了有趣的事情時，身體會覺得很舒服，通常也會完成很棒的作品，有時不禁覺得那是上天給我的指示，還好有做這件事；另一方面，當我斤斤計較報酬率、爲了賺多點錢而做的事，常常只能交出普通的成績。

我不確定這個經驗能否適用其他人，但對我個人而言，是非常警示性的。當年那個在意職場成就、一心成爲勝利組的我，被困在工作的漩渦裡，身心受傷害；因爲想做就去做的、那些無關緊要的小事，卻開啟了另一條生存之道。

人一生的時間有限，如果某些事大家都在做，那或許不需要我們再去重複了；如果有一些事，除了你之外不會有誰去做，那可能是老天要你去完成。與其追求大家認爲的成功，卻讓自己不停損耗，不如每天都做一些值得的事、感覺很好的事，這樣的日子加總起來總不可能太差吧，如果途中能認識一些不錯的夥伴，就更棒了。

「做那些只有你有辦法完成的事、除了你沒有人會做的事，並設法生存下來」是我理想的工作樣貌。至於如何確定這條路是否走得正確，老實說，身體會知道，那是不用大腦思考理性說服你去相信的東西，當你做這件事時感覺閃閃發亮，那就對了，這事情騙不了人，也騙不了自己。

對了，請別輕易相信我的話，因爲「成功者故事不會讓你更成功」，而我也不是什麼成功人士。無論你從事什麼，終究都會走出自己的工作之道（是道理也是道路），旁人的評價還在其次，重要的是，這條路對你有意義就好。

優講堂 007
上班，辭職，還是撐下去？
一位職場倖存者的48個反向思考

作　　者─劉揚銘
責任編輯─楊淑媚
封面設計─Rika Su
內頁設計─時報文化美術設計中心
校　　對─劉揚銘、楊淑媚
行銷企劃─王聖惠

第五編輯部總監─梁芳春
董 事 長─趙政岷
出 版 者─時報文化出版企業股份有限公司
108019臺北市和平西路三段二四〇號七樓
發行專線─（〇二）二三〇六─六八四二
讀者服務專線─〇八〇〇─二三一─七〇五
（〇二）二三〇四─七一〇三
讀者服務傳真─（〇二）二三〇四─六八五八
郵撥─一九三四四七二四時報文化出版公司
信箱─10899臺北華江橋郵局第九九信箱
時報悅讀網─www.readingtimes.com.tw
電子郵件信箱─history@readingtimes.com.tw
法律顧問─理律法律事務所　陳長文律師、李念祖律師
印　　刷─勁達印刷有限公司
初版一刷─二〇一六年六月二十四日
初版五刷─二〇二〇年六月十日
定　　價─新臺幣三〇〇元
（缺頁或破損的書，請寄回更換）

時報文化出版公司成立於一九七五年，
並於一九九九年股票上櫃公開發行，於二〇〇八年脫離中時集團非屬旺中，
以「尊重智慧與創意的文化事業」為信念。

上班，辭職，還是撐下去？／劉揚銘作. -- 初版. -- 臺北市：時報文化，
2016.06　面；　公分

ISBN 978-957-13-6663-0(平裝)

1.職場成功法 2.生活指導

494.35　　105009575

ISBN 978-957-13-6663-0
Printed in Taiwan